Inhalt

In der Ruhe liegt die Kraft

Haben Sie das schon einmal erlebt? Die Kritik vom Vorgesetzten, das bevorstehende Konfliktgespräch mit dem Mitarbeiter, der „schräge“ Blick von Kollegen, die „spitze“ Bemerkung eines Kunden oder die anstehende Präsentation vor versammelter Mannschaft: Dies sind nur einige Situationen, die zu Stress und emotionalen Turbulenzen in Form von z.B. unbändiger Wut oder lähmender Angst führen können. Und wenn emotionale Turbulenzen erst einmal da sind, ist das eigene Denk- und Handlungspotenzial deutlich eingeschränkt.

Wenn Sie wissen möchten, was Sie dagegen tun können, haben Sie das richtige Buch in der Hand. Auf den nächsten Seiten lernen Sie die Basis und das wichtigste Handwerkszeug des emotionalen Selbstmanagements kennen, um mit Gelassenheit Ihren Berufsalltag zu meistern.

1 Gelassenheit – Ruhe bewahren

Die eigene Gefühlslage selbstbestimmt steuern und verändern

Gelassenheit äußert sich in angemessenen, gemäßigten Gefühlen. Einem Menschen, der gelassen ist, stehen die eigenen Gefühle bei der Bewältigung seines Alltags nicht im Weg. Er ist weitgehend emotional unabhängig von äußeren Einflüssen. Was heißt das?
Ein Fahrstuhl z.B. fährt in den zweiten Stock, wenn man den entsprechenden Knopf drückt. Solche „Knöpfe“ gibt es oft auch bei uns Menschen. Drückt jemand einen unserer „Knöpfe“, kann es passieren, dass wir darauf anspringen: Wir werden wütend, ängstlich, schämen uns oder entwickeln ein anderes, intensives Gefühl – oft ohne es zu wollen.
Gelassen zu sein, bedeutet das Gegenteil, nämlich ruhig zu bleiben. Es bedeutet, dass andere Personen oder bestimmte Situationen unsere „Knöpfe“ drücken können, so viel sie wollen, ohne dass etwas passiert. Wir bleiben trotzdem ruhig und entscheiden selbst, wie wir uns fühlen – ja, im besten Fall haben wir nicht einmal (mehr) solche „Knöpfe“.

> Gelassenheit basiert auf der Fähigkeit, unsere Gefühlslage selbstbestimmt zu steuern und zu verändern.

Dies können wir durch emotionales Selbstmanagement erreichen.

1.1 Emotionales Selbstmanagement – Die Basis für souveränes Verhalten und Handeln

Im Wort „Management“ steckt das lateinische Wort „manus“ (Hand). Wir können „managen“ übersetzen mit „etwas handhaben“ oder „im Griff haben“. Im Falle des emotiona-

len Selbstmanagements geht es also darum, die eigenen Gefühle im Griff zu haben.
Unser Gefühlsleben ist die Basis unseres Verhaltens und unseres Handelns. Wer bereits emotionale Turbulenzen in Form von übermäßigem Ärger, überdimensionaler Angst, Niedergeschlagenheit oder auch großer Scham erlebt hat, weiß, wie schwer es ist, in solchen Momenten noch zielorientiert zu handeln. Es ist zwar nicht unmöglich, sich auch bei emotionalen Turbulenzen souverän zu verhalten und souverän zu handeln, aber es kostet sehr viel Energie.
Eine Form des souveränen Verhaltens ist als Contenance bekannt. Haben Sie schon einmal jemanden die Contenance wahren sehen? Dann haben Sie jemanden wahrgenommen, der auch in einer schwierigen Lage die Haltung oder Fassung bewahrt hat. Das heißt: Die Person ist ruhig geblieben und hat sich souverän verhalten. Auch Sie können das. Und es wird Ihnen viel leichter gelingen, wenn Sie Ihre Gefühle im Griff haben, wenn Sie es also schaffen, gelassen zu sein und Ihre Gefühle positiv zu beeinflussen.

Wir haben es in unserem Alltag immer mit zwei Ebenen zu tun: mit der inneren Gefühlsebene und der äußeren, von den Gefühlen beeinflussten Verhaltens- und Handlungsebene. Im Zentrum dieses Buches steht die Optimierung der inneren Gefühlsebene, im Speziellen die Fähigkeit, Ruhe zu bewahren und gelassen zu sein. Wenn wir uns gelassen und gut fühlen, können wir uns ohne Reibungsverluste souverän verhalten und ebenso handeln.

> Wer souverän handeln möchte, muss also nicht nur wissen, was genau er zu tun hat – er muss also nicht nur bestimmte Fähigkeiten beherrschen –, sondern er sollte auch seine Gefühle steuern und im Griff haben können.

Bevor Sie weiterlesen, können Sie sich im folgenden Test einen Eindruck verschaffen, wo Sie hinsichtlich Ihres emotionalen Selbstmanagements stehen. Die Selbsteinschätzung kann Ihnen eine Orientierung bieten.

Test zur Selbsteinschätzung

Bitte bewerten Sie, wie Sie sich hinsichtlich der folgenden Fähigkeiten einschätzen, indem Sie zu jeder beschriebenen Fähigkeit eine Punktzahl vergeben:

- 1 Punkt für „ja, kann ich"
- 2 Punkte für „könnte besser sein"
- 3 Punkte für „nein, kann ich (noch) nicht"

Addieren Sie anschließend die Punkte.

- ☐ Ich kann mir negative Rückmeldungen gelassen anhören, ohne zu meinen, dass ich angegriffen werde.
- ☐ Ich kann andere Sichtweisen tolerieren.
- ☐ Ich kann akzeptieren, dass andere Menschen sich nicht so verhalten, wie ich es möchte.
- ☐ Ich kann über mich schmunzeln, wenn ich in der Öffentlichkeit etwas „Peinliches" getan habe.
- ☐ Ich kann mich nach Niederlagen gut wieder aufraffen und weitermachen.
- ☐ Ich kann Verluste gut verarbeiten.
- ☐ Ich kann neue Situationen mutig angehen.
- ☐ Ich kann mich über Dinge freuen.
- ☐ Ich kann für andere Zuneigung empfinden.
- ☐ Ich kann aus meinen Fehlern lernen und danach tatkräftig weitermachen.
- ☐ Ich akzeptiere und mag mich so, wie ich bin.

☐ Ich kann auch in schwierigen Situationen innerlich ruhig bleiben.

☐ Ich kann auch mit Menschen, die ich nicht gerne mag, gut zusammenarbeiten.

☐ *Summe*

Auflösung

13–20 Punkte
Herzlichen Glückwunsch! Sie haben ein gutes emotionales Selbstmanagement. Sie sind in der Regel gelassen und verfügen über eine gute emotionale Basis, um sich souverän zu verhalten. Dieses Buch kann Ihnen hoffentlich helfen, noch ein wenig „Finetuning" zu betreiben.

21–31 Punkte
Sie sind bereits auf einem guten Weg und haben Ihre Gefühle in einigen Situationen schon recht gut im Griff. Trotzdem gibt es noch Optimierungsmöglichkeiten, die in Ihrem Leben zu deutlich mehr Ausgeglichenheit führen können. Ich freue mich auf die Zusammenarbeit mit Ihnen in diesem Buch!

32–39 Punkte
Um Ihr emotionales Selbstmanagement deutlich zu verbessern, gibt es eine Reihe von Ansatzpunkten. Schön, dass Sie dieses Buch in den Händen halten und gleich die ersten Schritte gehen können. Einfacher wird es vielleicht für Sie, wenn Sie sich noch zusätzlich Unterstützung von einem Coach oder einer Psychotherapeutin bzw. einem Psychotherapeuten holen.

1.2 Wozu brauchen wir Gelassenheit im Berufsalltag? – Auswirkungen unangemessener und überzogener Gefühle

Erinnern Sie sich: Wer sich von seinen starken Gefühlsausbrüchen beherrschen lässt, dem fällt souveränes, zielorientiertes Handeln meist schwer.

Hier ein paar Beispiele:

- **Herr Paul** ist sauer, dass sein Kollege ihm die zugesagten Daten noch nicht geliefert hat. In seiner Wut schreit er ihn an und wird unsachlich. Daraufhin weigert sich der Kollege erst recht, ihm die Daten zusammenzustellen.
- **Frau Bernd** präsentiert ihr Projekt dem Vorstand. Sie hat so große Angst, sich im Vortrag zu verhaspeln, dass es tatsächlich zu einer Blockade und einem Black-out kommt und ihr an einer entscheidenden Stelle die richtigen Worte fehlen.
- **Herr Peter** hat sich für eine interne Stelle beworben, die nun extern besetzt wurde. Er ist so niedergeschlagen, dass ihm die Kraft fehlt, weitere Bewerbungen zu schreiben.
- **Frau Roman** nimmt sich eine Kritik derart zu Herzen, dass sie sich gar nicht mehr auf ihre Arbeit konzentrieren kann und erneut Fehler macht.

Vermutlich kennen Sie selbst auch Situationen aus Ihrem Berufsalltag, in denen Sie oder andere sich aufgrund von Gefühlsturbulenzen nicht angemessen verhalten konnten. Dies macht deutlich, wie wichtig es ist, seine Gefühle im Griff behalten zu können.
Es gibt jedoch noch einen anderen entscheidenden Grund, warum Gelassenheit und damit emotionales Selbstmanagement sehr wichtig für uns sind. Wer ständig emotional „auf Hochtouren“ läuft, hat auch körperlich ein hohes Erregungsniveau – d.h. einen hohen Stress-Pegel – und belastet dadurch seinen Körper. Wer z.B. ständig in großer Sorge ist oder sich immer lang anhaltend und intensiv ärgert, hat seine Verdauungsstörungen, Verspannungen, Kopfschmerzen

oder sein Magengeschwür schon halb vorprogrammiert. Diese psychosomatischen Störungen, also Erkrankungen, bei denen die Einwirkung der Psyche auf den Körper eine Rolle spielt, basieren nicht selten auf einem unausgewogenen emotionalen Gefühlshaushalt.

Wie sieht es bei Ihnen aus? Führt auch bei Ihnen bereits ein unausgewogenes Gefühlsleben zu psychosomatischen Reaktionen oder Erkrankungen? Im Folgenden finden Sie eine Aufzählung von Symptomen, die möglicherweise psychosomatisch durch starke und anhaltende Gefühlsturbulenzen bedingt sind. Alle aufgezählten Symptome können jedoch auch andere Ursachen haben. Wenn Sie ein oder mehrere der aufgezählten Symptome bei sich verstärkt und länger andauernd beobachten, sollten Sie auf jeden Fall auch einen Arzt konsultieren.

Checkliste: Körperliche Alarmsignale

- Schwächung der Immunreaktion, z.B. häufige Erkältungen
- Allergien
- Unfähigkeit zur Entspannung
- Müdigkeit und Erschöpfung
- Schlafstörungen/Albträume
- Beschwerden im Unterleib/Genitalbereich
- Sexuelle Probleme
- Herzklopfen
- Engegefühl in der Brust
- Atembeschwerden
- Erhöhter Blutdruck
- Muskelverspannungen
- Schmerzen in Gliedern, Kopf, Bauch und Rücken
- Verdauungsstörungen/Magen-Darm-Beschwerden
- Übelkeit
- Veränderte Essgewohnheiten
- Gewichtsveränderungen

- Essstörungen (z.B. Magersucht, Fettleibigkeit, Ess-/ Brechsucht)
- Hauterkrankungen
- Funktionelle Stimm- und Sprachstörungen
- Funktionelle Sehstörungen
- Funktionelle Bewegungs- und Empfindungsstörungen

Um sich auf Ihr Vorhaben, gelassener zu werden, gut einzustimmen, lade ich Sie zu folgender mentalen Übung ein:

Übung

Setzen oder legen Sie sich entspannt hin, schließen Sie die Augen, atmen Sie ein paar Atemzüge ganz in Ihrem Tempo, spüren Sie, wie Ihr Körper vom Stuhl oder der Liegefläche getragen wird.

Vergegenwärtigen Sie sich nun eine Situation aus Ihrem Leben, in der Sie völlig ruhig und gelassen waren, an eine Situation, in der Sie sich körperlich wohl, entspannt und voller Kraft gefühlt haben. Wenn Ihnen keine entsprechende Situation einfällt, dürfen Sie sich einfach eine solche Situation fantasieren.

Nehmen Sie diese Situation mit allen Sinnen wahr. Was haben Sie gesehen, gehört, gerochen und geschmeckt? Und vor allem: Was genau haben Sie körperlich wahrgenommen? Wie fühlte sich das an? Genießen Sie eine Weile den Zustand völliger Gelassenheit und körperlicher Entspannung und vertiefen Sie dieses Empfinden noch weiter, indem Sie es sich über den ganzen Körper verteilen und intensivieren lassen.

Dies ist es vermutlich, was Sie in Zukunft häufiger empfinden möchten – und können.

2 Gefühle und Emotionen?

Sprachliche Klarheit schärft das eigene Bewusstsein

In unserem Alltag gebrauchen wir die Wörter „Gefühl" und „Emotion" – die ich synonym benutze – häufig ungenau:

- Die Formulierung „Ich habe das Gefühl, das Projekt wird ein Erfolg!" bezeichnet genau genommen kein Gefühl, sondern eine gedankliche Einschätzung. Da *denkt* jemand, dass das Projekt ein Erfolg wird, aber wir wissen nicht, was er in dem Moment empfindet.
  Oder nehmen wir die Feststellung: „Ich fühle mich so alleingelassen mit dieser Aufgabe!" Wir wissen nur, dass die Person wohl niemanden an der Seite hat, der hilft. Aber wissen wir, was die Person *fühlt*? Nein. Sie könnte traurig, wütend oder niedergeschlagen sein. Auch bei dieser Aussage handelt es sich lediglich um eine gedankliche Einschätzung.
- Ähnliches gilt, wenn wir über körperliche Befindlichkeiten sprechen. Wenn wir länger nichts gegessen haben, „fühlen wir uns hungrig", wenn wir uns den Kopf gestoßen haben, „fühlen wir einen pochenden Schmerz" und nach einem anstrengenden Arbeitstag „fühlen wir uns erschöpft und müde". Psychologisch betrachtet handelt es sich dabei jedoch nicht um Gefühle oder Emotionen, sondern um Körperempfindungen, die wir durch Essen, einen kalten Umschlag oder Schlaf verbessern können.

Doch was sind nun Gefühle und Emotionen? Der Psychologe Harlich H. Stavemann unterscheidet grundsätzlich acht verschiedene Gefühle: Ärger, Abneigung, Scham, Zuneigung, Freude, Angst, Trauer und Niedergeschlagenheit. Sein Modell des „Gefühlssterns" bietet einen guten Überblick über unsere Gefühlswelt.

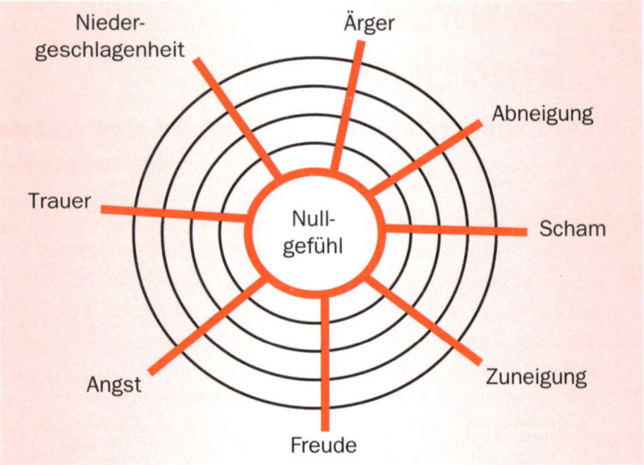

Der Gefühlsstern (nach Stavemann, 2001, S. 14)

Für jedes Gefühl gibt es eine Skala von Null (Mittelpunkt des Kreises) bis zum äußeren Extrem (äußerstes Ende der Skala), da wir jedes Gefühl in verschiedenen Intensitäten erleben können. Der Gefühlsstern funktioniert also wie eine Art Thermometer, wobei seine acht Skalen nicht die Höhe der Temperatur messen, sondern die Intensität der Emotionen – er ist sozusagen ein Emotio-Meter.

Im Folgenden lade ich Sie ein, sich mit den acht Gefühlen näher zu beschäftigen. Dies wird Ihnen helfen, sie in Zukunft besser voneinander zu unterscheiden und sich bewusst zu machen, was in Ihnen vor sich geht.

2.1 Ärger

Auf der Ärger-Skala finden wir Emotionen, die jemand empfindet, der meint, etwas sei ungeheuerlich, weil es nicht so läuft, wie es seiner Meinung nach zu laufen hätte.

Als **Herr Paul** z.B. im Meeting gerade seine neue Marketing-Idee erläuterte, fiel ihm sein Kollege ins Wort. Herr Paul fand dies unerhört und war der Meinung, dass der Kollege das nicht tun dürfe, dass dies sogar eine große Sauerei sei! Kein Wunder also, dass Herr Paul sich sehr ärgerte.

Wörter, die wir auf dieser Skala finden können: Ärger, Wut, sauer sein, genervt sein, einen dicken Hals haben, Unzufriedenheit etc.

Wie jedes Gefühl, so birgt auch Ärger Chancen und Gefahren, d.h., in einem bestimmten Maß kann Ärger gut und nützlich sein und in übermäßiger Ausprägung kann er von Nachteil sein. Schauen wir uns ein paar Chancen und Gefahren an:

Chancen

- Ärger kann ein Hinweis auf die Möglichkeit und/oder Notwendigkeit sein, etwas zu verbessern.
- Ärger kann dabei unterstützen, Dinge, mit denen man nicht einverstanden ist, zu analysieren und zu verstehen.
- Ärger deutet auf vorhandene Motivation und die Wichtigkeit einer Sache hin.
- Ärger kann uns auf unbefriedigte Bedürfnisse hinweisen, die wir dann versuchen können zu befriedigen.
- Ärger kann den Antrieb und die Energie liefern, um sich abzugrenzen oder sich für eigene Belange einzusetzen.
- Vorgesetzte, die ihren Ärger zeigen, werden oft als führungsstärker wahrgenommen als zurückhaltende Vorgesetzte.
- Artikulierter Ärger wirkt auf einige Menschen sympathischer als stetiges Schlucken des Ärgers oder ein „Pokerface“.
- Ärger kann zu Kreativität führen, wenn die freigesetzte Energie in kreative Schaffensprozesse umgeleitet werden kann.

Gefahren

- Massiver Ärger belastet auf Dauer unseren Körper.
- Massiver Ärger schränkt unser Denkvermögen und unseren Blickwinkel ein.
- Massiver Ärger bildet die Basis für Verhalten, das in Konfliktsituationen zu Eskalationen führt.
- Er kann zu selbstschädigendem Verhalten führen.
- Menschen, die sich viel und heftig ärgern und ihre Gefühle unkontrolliert zum Ausdruck bringen, werden häufig als unangenehm erlebt und gemieden.
- Menschen, die ihren starken Ärger nicht im Griff haben und „ausflippen", werden oft von ihren Mitmenschen nicht mehr ernst genommen.

Denkanstoß

Wann waren Sie das letzte Mal ärgerlich oder so richtig wütend? Wonach war Ihnen zumute? Ist Ärger eine Emotion, die Sie in Ihrem Berufsalltag kennen? Sind Sie mit dem Ausmaß Ihres Ärgers zufrieden? Möchten Sie sich vielleicht mehr oder weniger ärgern? Würde Ihnen eine Veränderung dieser Emotion im beruflichen Alltag Vorteile bringen? Wie würde sich das positiv auswirken?

2.2 Abneigung

Wenn jemand eine andere Person „ätzend" findet und den Eindruck hat, diese Person schade ihr/ihm, dann wird sich ein Gefühl auf der Abneigungs-Skala entwickeln.

So wie bei **Frau Günter**: Ihre Kollegin weiß immer alles besser und in Gesprächen tut sie so, als bestünde kein Zweifel daran, dass sie recht hat und Frau Günter unrecht. Frau Günter möchte jedoch wertgeschätzt und respektiert werden. Sie fühlt sich in Gegenwart dieser Kollegin unwohl und kann sie nicht leiden.

Auf dieser Skala können wir Wörter finden wie: Abneigung, nicht mögen, nicht leiden können, Antipathie, jemanden doof finden, Hass etc.

Wobei kann das Gefühl der Abneigung hilfreich sein, woran kann eine sehr starke Ausprägung dieses Gefühls hindern? Schauen wir uns auch hier die Chancen und Gefahren an.

Chancen

- Abneigung kann hilfreich sein, sich in Kontakten, die einem schaden, leichter abzugrenzen und zu schützen.
- Abneigung kann ein Hinweis auf eigene Schwächen sein, die man beim anderen entdeckt.

Gefahren

- Ausgeprägte, lang anhaltende Abneigung belastet unseren Körper.
- Starke Abneigung schränkt unser Denkvermögen und unseren Blickwinkel ein.
- Starke Abneigung macht uns das Zusammenleben und die Zusammenarbeit mit den entsprechenden Menschen schwer bis unmöglich.
- Menschen, die ihre Abneigung stets zum Ausdruck bringen, werden oft als unangenehm erlebt und gemieden.

Denkanstoß

Wann haben Sie jemanden zum letzten Mal unsympathisch gefunden oder jemanden so richtig gehasst? Ist dies eine Emotion, die Sie im Berufsalltag kennen? Sind Sie mit dem Ausmaß Ihrer Abneigung zufrieden? Möchten Sie diese Emotion häufiger entwickeln oder seltener? Wäre eine Veränderung dieser Emotion für Sie im beruflichen Alltag von Vorteil? Wie würde sich das positiv auswirken?

2.3 Scham

Wenn jemand meint, durch sein Tun den eigenen und sozialen Erwartungen nicht entsprochen zu haben, und seinen Fehler peinlich findet, dann schämt er sich.

Herr Paul z.B. geht nach seiner Präsentation an einem Spiegel vorbei und sieht, dass sein Hosenstall offen steht. Ihm ist dies schrecklich unangenehm und peinlich. Er schämt sich, möchte am liebsten im Erdboden versinken und die Personen, vor denen er eben gesprochen hat, nie wieder sehen.

Für die nähere Beschreibung unterschiedlicher Ausprägungen dieses Gefühls stehen uns nur wenige Wörter zur Verfügung: Scham, Geniertheit, Peinlichkeit. Vielleicht fallen Ihnen noch weitere Wörter ein? Oft drücken wir unterschiedliche Abstufungen der Emotion Scham durch Wörter wie „sehr“, „stark“ oder „ein wenig“ aus, z.B.: „Ich schäme mich sehr.“

Lassen Sie uns anschauen, wozu Scham sinnvoll sein kann und wo sie für uns im Alltag hinderlich wird:

Chancen

- Scham kann ein Hinweis sein auf die Möglichkeit und/oder die Notwendigkeit, etwas zu verbessern.
- Das Schamgefühl stellt meist sicher, dass sich Menschen an Regeln halten, es erleichtert also das menschliche Miteinander.
- Scham kann dabei unterstützen, nicht überheblich zu werden und sich nicht über andere zu stellen.

Gefahren

- Große Scham belastet auf Dauer unseren Körper.
- Ausgeprägte Schamgefühle schränken unser Denkvermögen und unseren Blickwinkel ein.

- Starke Scham kann zu Blockaden und zu Vermeidungsverhalten führen, was soziale Kontakte sehr erschweren kann.
- Wenn jemand sich viel und oft schämt, leidet sein Selbstwertgefühl darunter.
- Wer sich schämt, läuft Gefahr, Chancen ungenutzt vorbeiziehen zu lassen.
- Übermäßige Scham kann zu selbstschädigendem Verhalten führen.

Denkanstoß

Bei welcher Gelegenheit haben Sie sich das letzte Mal geschämt? Ist dies eine Emotion, die Sie im Berufsalltag kennen? Sind Sie mit dem Ausmaß Ihres Schamgefühls zufrieden? Möchten Sie sich vielleicht mehr oder weniger schämen? Wäre eine Veränderung dieser Emotion für Sie im beruflichen Alltag von Vorteil? Wie würde sich das positiv auswirken?

2.4 Zuneigung

Wenn jemand eine Person trifft, mit der er gern zusammen ist, weil sie und der Kontakt ihm guttun, dann wird er nicht nur den Kontakt als angenehm erleben, sondern auch die Person toll finden und Zuneigung zu ihr entwickeln.

Frau Eberhard hat dies erlebt: Mit ihrer neuen Kollegin klappt es einfach gut. Sie haben einiges gemeinsam, verstehen sich ohne viele Worte und die Zusammenarbeit trägt für beide Früchte. Sie findet die neue Kollegin richtig angenehm und mag sie ausgesprochen gerne.

Für die unterschiedlichen Ausprägungen von Zuneigung kennen wir in unserem Sprachgebrauch verschiedene Wörter. Hierzu gehören z.B.: Zuneigung, jemanden gut leiden können, mögen, Sympathie und Liebe.

Auch für das Gefühl der Zuneigung wollen wir uns im Folgenden anschauen, was es ermöglicht oder erleichtert und woran es uns hindern bzw. was es uns erschweren kann:

Chancen

- Zuneigung und Liebe sichern den Fortbestand unserer Spezies.
- Zuneigung macht uns das Zusammenleben und die Zusammenarbeit mit unseren Kollegen, Vorgesetzten und Kunden leicht und angenehm, z.B.:
  - … lässt uns Zuneigung über die Schwächen anderer hinwegsehen und großzügig sein,
  - … werden wir für unsere Mitmenschen attraktiver, wenn wir ihnen gegenüber unsere Sympathie und Zuneigung zum Ausdruck bringen,
  - … fällt es uns leicht, hilfsbereit und serviceorientiert zu sein, wenn wir Menschen mögen.

Gefahren

- Starke Zuneigung kann unser Denkvermögen und unseren Blickwinkel einschränken.
- Zu starke Zuneigung kann dazu führen, dass wir eigene Bedürfnisse übergehen.
- Zuneigung kann uns im Weg stehen, wenn es darum geht, Grenzen zu setzen und Nein zu sagen.
- Starke Zuneigung zu Menschen, die uns nicht guttun, kann uns daran hindern, unsere Ziele zu erreichen.
- Starke Zuneigung kann dazu führen, dass wir uns ausnutzen lassen.

Denkanstoß

Wann haben Sie jemanden zum letzten Mal sympathisch gefunden oder jemanden so richtig gemocht? Ist dies eine Emotion, die Sie im Berufsalltag kennen? Sind Sie mit dem Ausmaß Ihrer Zuneigung zufrieden? Möchten Sie diese Emotion häufiger/stärker entwickeln oder seltener/ weniger? Wäre eine Veränderung dieser Emotion für Sie im beruflichen Alltag von Vorteil? Wie würde sich das positiv auswirken?

2.5 Freude

Wenn etwas haargenau den eigenen Wünschen und Vorstellungen entspricht und wir das richtig toll finden, freuen wir uns.

Bei **Frau Johann** ist ein Projekt prima gelaufen – genau so, wie sie es sich gewünscht und vorgestellt hatte. Sie erhält von allen Seiten Anerkennung und genießt ihren Erfolg voller Freude.

Wörter, die häufig benutzt werden, um verschiedene Intensitäten dieses Gefühls zu beschreiben, sind: Freude, Zufriedenheit, Glück, Euphorie, Glückseligkeit.

Sie wissen, was als Nächstes kommt, und fragen sich schon, was denn an der Emotion der Freude gefährlich sein kann? Schauen wir uns auch hierfür beide Seiten an:

Chancen

- Wer sich freut, hat positive Energie und bewältigt dadurch nicht nur seinen Alltag leichter, sondern kann auch besondere Herausforderungen besser angehen.
- Menschen, die zufrieden und glücklich sind, haben eine positive Ausstrahlung. Das wirkt anziehend auf die Menschen im Umfeld, wodurch Kontakte erleichtert werden.
- Freude kann ein Hinweis darauf sein, dass der eingeschlagene Weg der richtige ist.

Gefahren

- Extrem stark ausgeprägte Freude schränkt unser Denkvermögen und unseren Blickwinkel ein.
- Sehr starke Freude kann dazu führen, dass man aufhört, aktiv zu sein, wo man eigentlich weiter aktiv sein sollte.
- Wer seine starke Freude nach außen trägt, kann bei anderen Neid und Missgunst auslösen.

Denkanstoß

Wann waren Sie das letzte Mal zufrieden oder haben sich so richtig gefreut? Ist dies eine Emotion, die Sie im Berufsalltag kennen? Sind Sie mit dem Ausmaß Ihrer Freude zufrieden? Möchten Sie sich vielleicht mehr oder weniger freuen? Wäre eine Veränderung dieser Emotion für Sie im beruflichen Alltag von Vorteil? Wie würde sich das positiv auswirken?

2.6 Angst

Wenn jemand sich vorstellt, dass etwas in seinen Augen Negatives passieren wird, hat er Angst.

Herr Paul steht wieder kurz vor einer Präsentation. Er erinnert sich an den offenen Hosenschlitz beim letzten Mal. Er fantasiert, was dieses Mal wieder alles Schlimmes passieren könnte, und malt sich farbenprächtig die negativen Konsequenzen aus. Beispielsweise befürchtet er, dass die Kollegen ihn für schlampig und unzuverlässig halten, sollte er wieder nicht akkurat gekleidet sein, einen Fleck auf dem Jackett oder einen fehlenden Knopf übersehen haben. Er fürchtet, alle könnten hinter seinem Rücken über ihn lachen, und er empfindet starke Angst.

Für die unterschiedlichen Ausprägungen dieses Gefühls gibt es in unserem Sprachgebrauch viele Wörter: Angst, Befürchtung, Panik, Horror, Bammel, Besorgnis etc.

Schauen wir uns als Nächstes an, welche Chancen und Gefahren im Gefühl der Angst stecken:

Chancen

- Angst kann uns davor schützen, Dinge zu tun, die negative Auswirkungen für uns hätten.
- Angst kann ein Hinweis darauf sein, was uns wichtig ist und was wir nicht verlieren möchten.
- Angst kann uns antreiben, uns auf bestimmte Dinge gut vorzubereiten.
- Angst kann uns – z.B. als Lampenfieber – die nötige Energie verleihen, um lebendig und kraftvoll zu sein.
- Angst vor negativen Konsequenzen kann die Energiequelle dafür sein, unangenehme Dinge zu erledigen.

Gefahren

- Ausgeprägte, lang anhaltende Angst belastet unseren Körper.
- Starke Angst schränkt unser Denkvermögen und unseren Blickwinkel ein.
- Starke Angst oder Panik kann uns daran hindern, Dinge zu tun, die nötig wären, um unsere Ziele zu erreichen.
- Menschen, denen man ihre starke Angst anmerken kann, werden im Berufsleben meist von anderen nicht ganz ernst genommen.

Denkanstoß

Wann waren Sie das letzte Mal besorgt oder hatten richtig große Angst? Ist dies eine Emotion, die Sie im Berufsalltag kennen? Sind Sie mit dem Ausmaß Ihrer Angst zufrieden? Möchten Sie sich vielleicht mehr oder weniger ängstigen? Wäre eine Veränderung dieser Emotion für Sie im beruflichen Alltag von Vorteil? Wie würde sich das positiv auswirken?

2.7 Trauer

Trauer stellt sich ein, wenn jemand etwas als Verlust erlebt.

Frau Max hat bisher in der Marketingabteilung gearbeitet. Das hat ihr viel Spaß gemacht, und mit den Kollegen verstand sie sich sehr gut. Nun aber wurde das Marketing komplett an die Konzernzentrale übergeben, ihre alte Abteilung wurde aufgelöst und die Kollegen auf verschiedene Abteilungen verteilt. Frau Max übernahm eine Sachbearbeiter-Position in einer anderen Abteilung. Sie findet es sehr schade, dass sie nicht mehr mit den alten Kollegen zusammenarbeitet, und denkt häufig mit Wehmut an die alten Zeiten zurück. Sie ist nach wie vor sehr traurig über den Verlust ihrer alten Arbeitsstelle.

Um unterschiedliche Intensitäten dieser Emotion zu benennen, stehen uns u. a. folgende Wörter zur Verfügung: Trauer, Enttäuschung, Bedauern und Kummer.

Welche Möglichkeiten und welche Hindernisse können mit dem Gefühl der Trauer verbunden sein? Im Folgenden sind einige aufgelistet:

Chancen

- Trauer zeigt uns, was uns wichtig ist oder war, und kann uns Hinweise geben, worum wir uns in Zukunft wieder bemühen sollten.
- Trauergefühle ermöglichen den wichtigen Prozess des Abschiednehmens.
- Trauer macht uns deutlich, was wir einmal hatten und worauf wir mit Dankbarkeit und Stolz zurückblicken können.

Gefahren

- Starke, lang anhaltende Trauer belastet unseren Körper.
- Starke Trauer schränkt unser Denkvermögen und unseren Blickwinkel ein.

- Lang anhaltende Trauer kann uns daran hindern, Dinge zu tun, die nötig wären, um unsere Ziele zu erreichen.
- Menschen, die ihre Trauer über einen langen Zeitraum mit anderen teilen möchten, treffen oft auf Abwehr. Sie werden als „Runterbringer" erlebt und gemieden.

Denkanstoß

Wann waren Sie das letzte Mal traurig oder haben einen Verlust bedauert? Ist dies eine Emotion, die Sie im Berufsalltag kennen? Sind Sie mit dem Ausmaß Ihrer Trauer zufrieden? Möchten Sie vielleicht mehr oder weniger traurig sein bzw. dieses Gefühl mehr oder weniger erleben? Wäre eine Veränderung dieser Emotion für Sie im beruflichen Alltag von Vorteil? Inwiefern würde sich das positiv auswirken?

2.8 Niedergeschlagenheit

Vielleicht fällt Ihnen, wenn Sie „Niedergeschlagenheit" lesen, das Wort „Depression" ein. Aber Vorsicht: Mit „Depression" ist eine konkrete psychische Erkrankung gemeint. Wer sich niedergeschlagen fühlt, ist jedoch nicht unbedingt erkrankt. Es kann ganz „normal" sein, vorübergehend ein Gefühl auf dieser Skala zu empfinden. Niedergeschlagenheit geht meist einher mit Antriebslosigkeit und Selbstzweifel; es ist das Gefühl, das sich einstellt, wenn man keine Möglichkeit sieht, seine negative Situation zu verbessern.

So wie bei **Herrn Gerhard**: Er ist 58 Jahre alt und wurde gerade betriebsbedingt gekündigt. Ihm war seine Arbeit immer sehr wichtig, seine ganze Bestätigung zog er aus seinen beruflichen Leistungen. Da er aber nun der Meinung ist, in seinem Alter keinen Job mehr finden zu können, fühlt er sich nutzlos und meint, es gäbe für ihn keine Zukunft. Kein Wunder, dass Herr Gerhard sich niedergeschlagen fühlt.

In einem wichtigen Punkt unterscheidet sich diese Emotion von den anderen sieben Emotionen: Bei der Niedergeschlagenheit ist eine Intensivierung des Gefühls nicht mit einer Zunahme, sondern mit einer Abnahme der körperlichen Erregung verbunden. Dies hat zur Folge, dass auch die Lebensenergie mit steigender Gefühlsausprägung abnimmt.

Wenn es um dieses Gefühl geht, fallen oft Wörter wie: Deprimiertheit, Bedrücktheit etc. „Deprimiertheit" klingt zwar ähnlich wie „Depression", meint jedoch nicht die Krankheit, sondern ein Gefühl dieser Skala.

Sie fragen sich vielleicht, wozu dieses Gefühl dienlich sein kann? Auch hier schauen wir uns beide Seiten an:

Chancen

- Niedergeschlagenheit kann uns unterstützen, Grenzen zu akzeptieren und zu erkennen, dass es so nicht weitergehen kann.
- Niedergeschlagenheit kann uns helfen, unsere Kräfte zu schonen, wo wir keinen Einfluss mehr haben.
- Sie kann dabei unterstützen, Dinge, mit denen man nicht einverstanden ist, zu analysieren und zu verstehen.
- Niedergeschlagenheit kann uns auf unbefriedigte Bedürfnisse hinweisen.

Gefahren

- Stark ausgeprägte Niedergeschlagenheit führt dazu, dass uns die nötige körperliche „Spannkraft" und Energie fehlt, um unseren Alltag zu meistern.
- Massive Niedergeschlagenheit schränkt unser Denkvermögen und unseren Blickwinkel ein. Möglichkeiten und Lösungen können nicht wahrgenommen werden.
- Wer seine starke Niedergeschlagenheit nach außen trägt, wird auf Dauer von anderen oft als belastend erlebt.

- Wer seine starke Niedergeschlagenheit nicht in den Griff bekommt, zieht sich meist zurück. Es besteht die Gefahr zu vereinsamen.
- Wer sich in seiner starken Niedergeschlagenheit verliert, leidet meist an Selbstzweifeln und an einem geringen Selbstwertgefühl.

Denkanstoß

Wann waren Sie zum letzten Mal bedrückt oder so richtig niedergeschlagen? Ist dies eine Emotion, die Sie im Berufsalltag kennen? Halten Sie das Ausmaß Ihrer Niedergeschlagenheit für angemessen? Möchten Sie diese Emotion häufiger entwickeln oder seltener? Wäre eine Veränderung dieser Emotion für Sie im beruflichen Alltag von Vorteil? Wie würde sich das positiv auswirken?

2.9 Nullgefühl

Ein Nullgefühl empfindet jemand, der seinen aktuellen Gefühlszustand in der Mitte auf dem Emotio-Meter verorten kann, d.h., er empfindet in diesem Moment keine Ausprägungen der anderen acht Emotionen.

Herr Thomas hört, dass die Kantine jetzt gelb gestrichen wurde. Da dies ihm aber herzlich egal ist, entwickelt er bei der Aufnahme dieser Information keinerlei Emotion. Das Nullgefühl ist weder positiv noch negativ. Es ist ein emotionsloser Zustand.

Beim Nullgefühl gehen die Wörter, die Menschen benutzen, um es zu beschreiben, stark auseinander: Während einige Menschen das Wort „Gleichgültigkeit" benutzen, um die Mitte des Emotio-Meters zu beschreiben, empfinden andere dieses Wort als negativ. Es gibt Menschen, die das Wort „Gelassenheit" in die Mitte setzen. Auch ich benutze das Wort „Gelassenheit" in diesem Sinne. Andere wiederum bewerten „Gelassenheit" als positiv – also nicht als neutral.

Ebenso wenig gibt es über die Wörter „Egalheit" und „Ausgeglichenheit" Einigkeit. Für einige Menschen klingt das eine Wort negativ und das andere positiv, für andere klingt das gleiche Wort nach der Mitte unseres Emotio-Meters.
Wie auch immer Sie das neutrale Gefühl in der Mitte benennen, lassen Sie uns hier zuletzt auch für diese neutrale Emotion die Chancen und Gefahren betrachten:

Chancen

- Phasen ohne ein ausgeprägtes Gefühl auf einer der acht Skalen kann unser Körper zur Entspannung nutzen.
- Wer ein Nullgefühl hat, neigt in der Regel nicht zu übermäßigem Handeln bzw. zum Überreagieren. Dies mindert die Gefahr, sich zu verausgaben und auszubrennen.
- Wer in einer Situation ein Nullgefühl empfindet, kann ganz klar und rational denken.

Gefahren

- Wer nichts anderes mehr als ein Nullgefühl empfinden kann, dem fehlt unter Umständen die Motivation, die Leidenschaft und Hingabe, sich für Dinge einzusetzen.
- Menschen, die über lange Zeit keine Gefühle haben, die sie zum Ausdruck bringen können, wirken auf andere kalt und unnahbar. Sie werden eher gemieden.

Denkanstoß

Wann waren Sie das letzte Mal ohne ein Gefühl, das auf einer der acht Skalen eingeordnet werden kann? Ist dies ein Empfinden, das Sie im Berufsalltag kennen? Sind Sie mit dem Ausmaß Ihres Nullgefühls zufrieden? Möchten Sie es vielleicht seltener oder häufiger erleben? Wäre eine Veränderung dieser Emotion für Sie im beruflichen Alltag von Vorteil? Wie würde sich das positiv auswirken?

2.10 Verbalisierung der eigenen Gefühle

Sie haben bei der Lektüre der vorangegangenen Abschnitte schon bemerkt, wie schwierig es sein kann, die eigenen Emotionen mit den „richtigen" Wörtern zu beschreiben. Das liegt daran, dass Sprache ein sehr unpräzises und subjektiv gefärbtes Verständigungsmittel ist. Leider aber haben wir – gerade für den beruflichen Alltag – kaum etwas anderes zur Verfügung. Die Aufgabe auf der folgenden Seite hilft Ihnen dabei, sich mehr Klarheit über Ihre Gefühlsbeschreibungen zu verschaffen.

Wenn Sie sich mit anderen austauschen, werden Sie merken, dass die Wörter sehr unterschiedlich sind, die Menschen zur Beschreibung ihrer Gefühle nutzen.

So sagt vielleicht ein Kollege zum anderen: „Ich bin wirklich sauer auf dich, weil du wieder zu spät gekommen bist!" Er will damit zum Ausdruck bringen, dass es ihm jetzt reicht und dass er sehr verärgert ist. Für seinen Kollegen beschreibt das Wort „sauer" jedoch maximal einen mittelstarken Ärger, daher unterschätzt er die Aussage und erlaubt sich einen kleinen Scherz. Es kommt zur Eskalation.

Wenn Sie Ihr Emotio-Meter auf der nächsten Seite beschriftet haben, ist es für Sie sicher interessant, sich mit Menschen auszutauschen, mit denen Sie eng zusammenarbeiten oder sogar zusammenleben:

- Welche Gefühlsausdrücke nutzen Sie, welche Ihr Gegenüber?
- Beschreiben die jeweiligen Ausdrücke bei Ihnen beiden die gleiche Intensität?
- Wo gibt es eventuell Unterschiede und damit Potenzial für Missverständnisse?

Vergleichen Sie Ihre individuell beschrifteten Emotio-Meter. Einige Missverständnisse können nach diesem Austausch sicher vermieden werden.

Aufgabe

Bitte finden Sie für jede Gefühlsskala drei Wörter, die Sie dann in das unten stehende Emotio-Meter eintragen:

- eines, das eine geringe Intensität dieses Gefühls beschreibt,
- eines, das eine mittlere Intensität beschreibt, und
- eines, das eine starke Intensität beschreibt.

Für die Skala „Zuneigung“ könnte das z.B. „Sympathie“, „mögen“ und „Liebe“ sein. Hier finden Sie Platz, Ihre eigenen Bezeichnungen einzutragen:

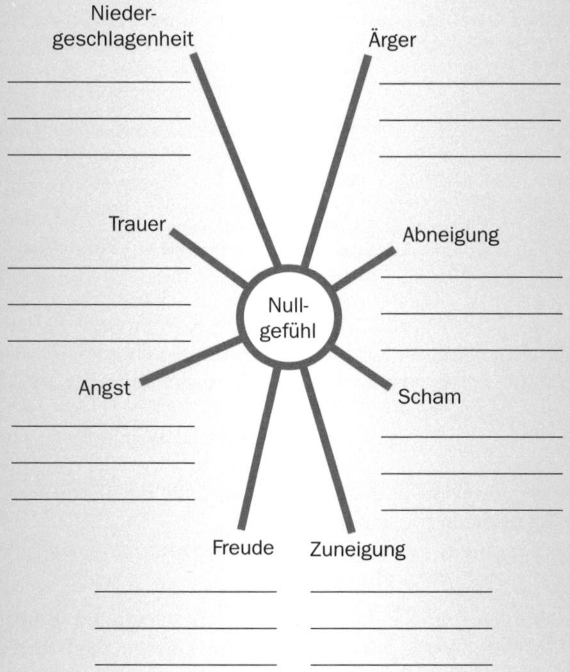

3 Gelassenheit erlangen in drei Schritten

Wie gehen wir im emotionalen Selbstmanagement vor?

Zugegeben, es klingt sehr einfach, dass es möglich sein soll, in drei Schritten Gelassenheit zu erlangen. Doch ich behaupte nicht, dass es einfach ist, ich behaupte nur, dass es möglich ist. Wie? Das erfahren Sie, wenn Sie weiterlesen.

3.1 Erster Schritt: Sich Klarheit über das aktuelle Empfinden verschaffen

Es ist ein wichtiger erster Schritt zu einem guten emotionalen Selbstmanagement, sich jederzeit im Klaren darüber zu sein, was genau man gerade fühlt und in welcher Intensität. Erst wenn wir uns dessen bewusst sind, können wir prüfen, ob wir die Art des Gefühls für richtig halten und ob wir die Stärke des Gefühls für richtig halten.
Beim Erreichen dieser Klarheit – zum Einordnen und Benennen eines Gefühls – kann das Emotio-Meter eine sehr nützliche Hilfestellung sein. Wenn Sie in eine emotionale Turbulenz geraten, d.h., wenn gefühlsmäßig alles „drunter und drüber" geht, sollten Sie sich Ihr Emotio-Meter vornehmen und versuchen, Ihre aktuellen Emotionen dort zu verorten.

3.2 Zweiter Schritt: Klärung des emotionalen Ziels

Im zweiten Schritt geht es darum herauszufinden, welche Empfindung Sie in dieser oder jener Situation für angemessen halten. Wenn Sie Ihre Gefühle gut im Griff haben möchten, heißt dies, dass Sie in Zukunft keine unangemessenen

Gefühle und keine unangemessen starken Gefühle mehr haben möchten.

Herr Paul bekommt von seinen Kollegen zum Jubiläum eine Pflanze in einem blauen Übertopf geschenkt. Er ärgert sich so maßlos darüber, dass er bereits Magendrücken verspürt. Er ist der Meinung, dass seine Kollegen ihn doch nun schon lange genug kennen, um zu wissen, dass er Blau nicht mag. Ist der maßlose Ärger von Herrn Paul angemessen? Das kann nur er entscheiden.

Wichtig jedoch ist die Beobachtung, dass Herr Paul bereits körperliche Beschwerden (Magendrücken) empfindet. Dies ist sicher nicht in seinem Interesse. So können wir davon ausgehen, dass zumindest die Gefühlsintensität zu stark ausgeprägt, d.h. nicht in seinem Sinne angemessen, ist – zumal seine starke Wut vermutlich zu einem unhöflichen Verhalten und einem Konflikt mit den Kollegen führen wird. Wenn Herr Paul meint, dass ein Gefühl auf der Wut-Skala angemessen ist, so wäre es zumindest günstiger für ihn, wenn er nicht maßlose Wut (extreme Ausprägung des Gefühls), sondern maximal eine mittlere oder niedrige Ausprägung (z.B. Ärger, Unzufriedenheit) verspüren würde. Das gäbe ihm die emotionale Basis, seine Unzufriedenheit auf der Handlungsebene angemessen zu äußern.

Herr Paul könnte aber auch zu der Erkenntnis kommen, dass es ja eigentlich sehr schön ist, dass seine Kollegen überhaupt an sein Jubiläum gedacht haben, und dass ein Gefühl auf der Wut-Skala gar nicht angemessen ist. Er könnte bei seiner Überprüfung der Emotion „maßlose Wut" zum Ergebnis kommen, dass er Freude über die Geste seiner Kollegen für angemessen hält.

Bei der Beurteilung der Frage, inwieweit wir ein Gefühl und/oder dessen Intensität für angemessen halten oder nicht, sollten wir immer überprüfen, wie es uns in diesem Moment geht:

- Ist es die Sache wirklich wert, sich unwohl und belastet zu fühlen oder sich sogar körperlich zu schädigen?
- Ist es hilfreich, sich so sehr aufzuregen, dass ein souveränes Verhalten erschwert wird?
- Oder wäre es vielmehr angemessen, gelassen(er) zu sein, auf sich und seinen Körper zu achten und sich zielorientiert zu verhalten?

Ein wichtiges Kriterium, um zu entscheiden, ob Sie ein Gefühl und/oder dessen Intensität für angemessen halten oder nicht, sollten also einerseits Ihr Wohlbefinden und Ihre Gesundheit sein und andererseits Ihre Fähigkeit, sich mit dem aktuellen Gefühl sinnvoll zu verhalten.

Leider ist es für uns, wenn wir in emotionale Turbulenzen geraten, in der Regel viel einfacher, von einem extremen Gefühl zum nächsten zu springen, also von einem Extrem ins andere. Wir kennen dies aus alltäglichen Redewendungen: „Himmelhoch jauchzend und zu Tode betrübt“ oder „Liebe und Hass hängen eng zusammen“. Doch mit dem Ersetzen des einen extremen Gefühls durch ein anderes Gefühl extremer Ausprägung haben wir meist nicht viel gewonnen.

> In der Regel ist es sinnvoller, sich mit seinen Gefühlen auf dem Emotio-Meter in Richtung Mitte zu bewegen.

Dies heißt aber nicht, dass es immer angemessen ist, völlig gelassen und mit seinen Emotionen immer auf dem Nullpunkt zu sein. Oder halten Sie es für angemessen, völlig gelassen zu bleiben und nichts zu empfinden, wenn Ihnen jemand schadet? In so einer Situation brauchen Sie sicher etwas Energie und „Spannkraft“, um sich gegen das Verhalten zu wehren und den Sachverhalt klarzustellen. Sie brauchen also in einer solchen Situation kein „Nullgefühl“, sondern ein gewisses Erregungsniveau.

Wahrscheinlich reicht hierbei eine kleine oder mittlere Wut – nennen wir sie „Unzufriedenheit“ oder „Ärger“. Diese Unzufriedenheit oder der mittlere Ärger geben Ihnen die nötige Energie, um zu handeln, erschweren es Ihnen jedoch nicht, angemessen zu handeln. Mit einer kleinen oder mittleren Wut ist es deutlich einfacher, ruhig Grenzen zu setzen und nach außen hin souverän zu wirken, als mit einer extremen Wut, bei der Sie mit einem knallroten Gesicht „unter der Decke hängen“. Ein weiterer Pluspunkt: Der eigene Körper wird bei mäßig ausgeprägter Wut nicht so stark belastet.

Aufgabe – Zeit zum Nachdenken

Haben auch Sie manchmal Emotionen, die Sie gerne ändern möchten? Die folgenden Fragen können Sie bei Ihren Überlegungen unterstützen.

Vergangene Situationen / gezeigte Verhaltensweisen

Wann haben Sie sich in letzter Zeit anders verhalten, als Sie es für richtig hielten? Bitte halten Sie in Stichworten einige der Situationen hier fest:

____

____

Empfundene hinderliche Gefühle

Was haben Sie in den Situationen jeweils empfunden? Welche Gefühle standen Ihnen im Weg, um das gewünschte Verhalten zu zeigen?

____

____

Gewünschte hilfreiche Gefühle

Welche Gefühle hätten Ihnen geholfen, sich so zu verhalten, wie Sie es sich gewünscht hätten?

____

____

Zukünftige Situationen

In welchen zukünftigen Situationen möchten Sie sich in Zukunft souverän verhalten?

____

____

Mögliche hinderliche Gefühle

Welche Gefühle könnten es Ihnen schwer machen, so zu handeln, wie Sie es möchten?

____

____

Gewünschte hilfreiche Gefühle

Welche Gefühle werden Ihnen in Zukunft helfen, sich so zu verhalten, wie Sie es sich wünschen?

____

____

Haben Sie die Fragen beantwortet? Nehmen Sie sich ruhig die Zeit. Wenn Sie sich im Klaren sind, welche Gefühle hilfreich und wünschenswert für Sie sind, können Sie dieses Buch effizienter nutzen.

3.3 Dritter Schritt: Veränderung des unangemessenen Gefühls

In den meisten Fällen von emotionalen Turbulenzen kommen Menschen bei der Überprüfung Ihrer Emotionen zu dem Schluss, dass es besser wäre, Ihre Gefühle zu verändern, manchmal in der Qualität, manchmal in der Intensität. Die zentrale Frage lautet jedoch: Wie können wir unsere Gefühle verändern? Dazu müssen wir erst einmal verstehen, wie Gefühle entstehen. Denn wenn wir wissen, wie Gefühle entstehen, ist uns klar, was wir tun können, um sie zu verändern. Dann können wir sie an der Wurzel packen und unangemessene durch angemessenere Gefühle ersetzen. Das klingt einleuchtend, oder? Im Folgenden werden wir uns deshalb damit beschäftigen, wie Gefühle entstehen.

4 So entstehen unsere Gefühle

Sichtweisen, Gedanken und Bewertungen

4.1 Eine Situation – unterschiedliche Gefühle

Wenn ich die Teilnehmerinnen und Teilnehmer in meinen Trainings frage, wie Gefühle entstehen, kommt häufig die Antwort: „Durch Dinge, die wir erleben."
Lassen Sie uns die Aussage „Unsere Gefühle entstehen durch die Dinge, die wir erleben" überprüfen:

> Stellen Sie sich vor, in einem großen Büroraum sitzen mehrere Kollegen. Es ist ein Team von Kundenbetreuern und sie alle hatten bereits Kontakt mit dem Kunden **Albrecht**, der sich leider oft unfreundlich verhält und auch schon Kundenbetreuer für etwas anschwärzte, was er selbst zu verantworten hatte. Es ist Montagmorgen, die Kundenbetreuer sitzen alle bereits in ihre Arbeit vertieft an den Schreibtischen, als der Chef die Tür aufreißt und lauthals fragt: „Ist der Kunde Albrecht darüber informiert, dass wir die Preise zum 15. des Monats angehoben haben?" Eine alltägliche Situation. Was uns jetzt interessiert, ist: Was empfinden die Kundenbetreuer in dieser Situation, die sie gerade erlebt haben?

Bevor Sie weiterlesen, bitte ich Sie, sich zu überlegen: Was hätten Sie empfunden, wenn Sie als Teammitglied in diesem Raum gesessen hätten?
Wenn Sie mit Ihren Überlegungen fertig sind, wenden wir uns den einzelnen Teammitgliedern zu:

> Wir sprechen **Herrn Paul** an, der uns beschreibt, wie er innerlich zusammenzuckte, als der Chef hereinkam. Er habe sich sofort vorgestellt, wie es sein würde, wenn der Chef ihn vor allen zur Rede stellen und er – Herr Paul – sich verunsichert verhaspeln würde. Die Vorstellung, dass dies eintreffen könnte, habe er so schrecklich gefunden, dass er **starke Angst** empfunden habe.

Frau Günter erzählt uns, dass sie, als der Chef, ohne zu grüßen, in den Raum kam, dachte, es sei unerhört, seine Mitarbeiter so zu behandeln – immerhin gebe es ja noch Regeln der Freundlichkeit. Und diese hätte auch ein Chef einzuhalten. Sie habe sich mächtig über das Verhalten des Chefs **geärgert.**

Frau Hermann berichtet, sie habe sich sehr **geschämt,** denn sie habe noch am letzten Freitag mit besagtem Kunden telefoniert, aber vergessen, ihn im Gespräch auf die Preisanhebung hinzuweisen. Dies sei sehr dumm von ihr gewesen und sie habe ihren Fehler sehr peinlich gefunden.

Frau Werner berichtet, sie habe sich **gefreut,** als der Chef hereingestürzt kam. Es sei immer toll und unterhaltsam, wenn er die Gruppe ein wenig aufmische. Die sonst doch eher langweilige Arbeit werde dadurch lebendiger. Es sei immer interessant zu sehen, wie die Kollegen auf ihn reagierten.

Zuletzt wenden wir uns **Herrn Ludwig** zu, der schon längst wieder in seine Arbeit vertieft ist. Er habe die Frage seines Chefs als reine Informationsfrage interpretiert, und da er nicht gewusst habe, ob der Kunde die Information bereits hatte oder nicht, habe er die Frage nicht auf sich bezogen. Ihm sei auch ansonsten das Verhalten seines Chefs – ob er nun laut spreche oder nicht grüße – ziemlich egal, schließlich sei er ja nicht zum Kuscheln am Arbeitsplatz, sondern zum Arbeiten. Herr Ludwig berichtet, er habe in der Situation **keine Emotion** entwickelt.

Wir haben also eine Situation und fünf Personen, die emotional völlig unterschiedlich darauf reagiert haben. Stimmen Ihre Empfindungen mit einer der genannten überein oder hätten Sie eine andere, sechste Reaktion gezeigt?

> Was wir hier gesehen haben, ist nichts Ungewöhnliches: Es ist normal, dass unterschiedliche Personen in derselben Situation unterschiedlich empfinden.

Ja, manchmal empfindet sogar ein und dieselbe Person, wenn sie die gleiche Situation mehrmals erlebt, unterschiedlich. Vielleicht kennen Sie das auch von sich: Sie fahren jeden Morgen den gleichen Weg zur Arbeit. An einem Morgen könnten Sie wegen der Ampelschaltung vor Ärger ins Lenkrad beißen, am nächsten Morgen können Sie dagegen ganz gelassen bleiben, obwohl sich an den Rahmenbedingungen rein gar nichts geändert hat. Was folgern wir daraus?

Die Situation – alleine – verursacht keine Gefühle.

Wenn es eine „objektiv“ ärgerliche oder Glück bringende Situation gäbe, müssten ja alle Menschen, die diese Situation erleben, die gleichen Gefühle entwickeln: Ärger oder Glück. So eine Situation werden wir nicht finden. Es wird immer denkbar sein, dass es jemanden gibt, der anders als andere in der Situation empfindet. Egal, ob es um das Verhalten einer Führungskraft geht oder um Rahmenbedingungen wie z.B. die Marktlage oder eine Fusion: Wir werden immer unterschiedliche emotionale Reaktionsweisen entdecken können. Während der eine eine Chance in der Fusion sieht, sich freut und endlich die Zeit für seine Ideen gekommen glaubt, ängstigt sich der andere, weil er seine Tage im Unternehmen für gezählt hält und sich bereits unter der Brücke schlafen sieht. Einem Dritten ist die Fusion vielleicht herzlich egal, weil er weiß, wenn seine Arbeitskraft in diesem Unternehmen nicht mehr gebraucht würde, wird er woanders Arbeit finden.
Wie also entstehen Gefühle? Es ist falsch, wenn wir behaupten, dass Gefühle durch Situationen, die wir erleben, verursacht werden. Die Situationen mögen eine Rolle spielen, aber für eine eindeutige Erklärung reichen sie nicht aus. Unsere nächste Frage lautet deswegen:

Wie kommt es, dass verschiedene Menschen in derselben Situation unterschiedliche Gefühle entwickeln können?

Und: Wie kommt es sogar dazu, dass manchmal ein und derselbe Mensch in der gleichen Situation, sich mal so und mal anders fühlt?

Lassen Sie uns nochmals auf die Situation unseres Kundenbetreuer-Teams schauen: Alle haben dieselbe Situation erlebt. Aber wo gab es Unterschiede? Haben Sie sie bereits entdeckt? Unsere Kundenbetreuer hatten alle einen unterschiedlichen Blick auf die Situation und unterschiedliche Gedanken dazu. Sie alle haben die Situation aber nicht nur unterschiedlich wahrgenommen und dazu unterschiedliche Gedanken gehabt, sondern auf der Basis ihres Blickwinkels und ihres Denkens auch völlig unterschiedlich bewertet:

Herr Paul stellte sich sofort vor, wie er vor dem Chef und dem Team nicht souverän die richtigen Worte finden würde. Seine Bewertung dieser Vorstellung war: Das wäre **schrecklich!**

Frau Günter fokussierte auf die Tatsache, dass der Chef nicht grüßte, sah dies als Regelverletzung an und fand das Verhalten: **Unerhört!**

Frau Hermann konzentrierte sich in ihrer Wahrnehmung ganz auf ihren Fehler, der in ihren Augen nicht hätte passieren dürfen. Sie wertete sich ab und fand den Fehler: **Peinlich!**

Frau Werner wiederum hatte einen ganz anderen Blick auf die Situation. Für sie waren das Verhalten des Chefs und die folgenden Reaktionen der Kollegen eine willkommene Abwechslung. Ihre Bewertung: **Toll!**

Herr Ludwig fand die Frage seines Chefs sowie dessen Art und Weise der Ansprache irrelevant für sich und seine Arbeit, auf die er sich konzentrierte. Er kam zu der Bewertung: Das ist **egal.** Mein Chef ist halt, wie er ist.

Wir können folgern: Durch die Sichtweisen, Gedanken und Bewertungen entstehen unsere Gefühle.

Die Sichtweisen und Gedanken, die jemandem durch den Kopf gehen, sind hochgradig individuell. Sie sind vorwiegend geprägt durch die eigenen Normen und Werte, Erfahrungen, Wünsche und Ziele.

Frau Günter z.B. sind freundliche Umgangsformen und das gegenseitige Grüßen am Morgen wichtig. Vielleicht hat sie dies von ihrer Mutter übernommen, die früher immer großen Wert darauf legte. **Herrn Ludwig** dagegen ist es viel wichtiger, dass er seine Arbeit gut erledigen kann. Er hat sich vorgenommen, eine steile Karriere zu machen. Umgangsformen sind ihm eher egal.

Frau Günter und Herr Ludwig haben beide ihre Werte, Regeln und Ziele, und daher werden beide unterschiedlich darüber denken, wenn eine andere Person nicht grüßt. Vermutlich ist es den beiden nicht einmal bewusst geworden, was sie in der Situation gedacht haben.

4.2 Nicht immer sind wir uns unserer Gedanken bewusst

Eine häufige Reaktion von Teilnehmenden in meinem Training zum emotionalen Selbstmanagement ist: „Das kann nicht sein, dass meine Gedanken und meine Bewertungen meine Gefühle verursachen, denn ich habe in der Situation gar nichts gedacht – und schon gar nicht bewertet!"
Sie wissen vermutlich auch nicht in jeder Situation, was Sie gerade denken, oder?

> Viele unserer Gedanken und Denkmuster sind sehr gut eingeschliffen, sodass wir sie derart blitzschnell denken, dass wir sie kaum wahrnehmen. Das heißt aber nicht, dass sie nicht da sind.

Nicht bewusst ablaufende Gedanken und Denkmuster kosten weniger Zeit und machen uns schneller handlungsfähig. Das ist im Alltag sehr nützlich. So, wie gut eingeübte Verhaltensweisen uns schneller von der Hand gehen, so denken wir eben auch altbekannte Gedanken schneller und leichter.
Sie können dies mit dem Fahrrad- oder Autofahren vergleichen: Wenn Sie es lernen, müssen Sie die Handlungen ganz bewusst vornehmen. Dazu denken Sie bewusst nach, was Sie mit dem rechten Fuß tun, was Sie dann mit der linken Hand tun usw. Je öfter Sie diese Handlungen ausgeführt haben, je öfter Sie geübt haben, desto wahrscheinlicher ist es, dass die nötigen Handlungen beim Fahren, ja oft sogar ganze Fahrten, ohne bewusstes Nachdenken ablaufen. Sie haben die Handlungen und Denkmuster so gut gelernt, dass Sie sich diese nicht mehr bewusst machen müssen, sondern Ihnen

das Wissen, ohne dass Sie es merken, einfach zur Verfügung steht. Die Denkprozesse laufen dann unterhalb Ihrer bewussten Wahrnehmungsgrenze ab. Für das Autofahren ist dies sehr nützlich. So haben Sie noch Kapazitäten frei, um beim Autofahren auch auf andere Dinge zu achten, Radio zu hören oder sich mit dem Beifahrer zu unterhalten. Wenn Sie aber plötzlich in ein anderes Auto steigen und einen Ihnen unbekannten Weg fahren, merken Sie, wie Sie die Handlungen wieder bewusster vornehmen und wieder bewusst nachdenken müssen, um unversehrt ans Ziel zu kommen.

Die Sichtweisen und Gedanken sind die Basis für die Bewertung. Dies zeigt folgende Betrachtung zu unserem Beispiel:

Nehmen wir z.B. die Gedanken von **Frau Hermann,** die sich um ihren Fehler drehten. Frau Hermann dachte, dass sie einen Fehler gemacht habe, der nicht hätte passieren dürfen. Sie fand ihren Fehler peinlich (= Bewertung), daher wundern wir uns nicht, dass sie sich schämte. Wenn Frau Hermann ihren Fehler anders bewertet hätte, z.B. „So ein Mist!", hätte sie sich nicht geschämt, sondern geärgert. Und wäre sie zu der Bewertung gekommen „Ich krieg das nie in den Griff, meine Vergesslichkeit ist schlimm und wird sich nie bessern!", wäre sie sicher deprimiert gewesen.

4.3 Unsere Bewertungen bestimmen, was wir fühlen

Ich möchte Sie mit einem kleinen Experiment davon überzeugen, dass Gefühle durch Bewertungen entstehen:

Gedankenexperiment

Denken Sie sich bitte kurz, aber intensiv in folgende Bewertung ein. Wiederholen Sie sie ruhig drei- bis viermal.

Das ist unfair! Das ist eine Sauerei!

Was haben Sie gefühlt? Mich würde wundern, wenn Sie bei der Bewertung etwas anderes gefühlt haben als Wut.

Denken Sie bitte als Nächstes kurz ganz intensiv Folgendes und wiederholen Sie auch diese Bewertungen drei- bis viermal:

Das wäre schlimm! Es wäre ja so schrecklich, wenn das passieren würde!

Was haben Sie gefühlt? Mich würde wundern, wenn Sie etwas anderes gefühlt haben als Angst.

Und zum Schluss vertiefen Sie sich bitte in die folgenden Bewertungen und wiederholen Sie sie mehrfach:

Oh, wie schön! Das ist prima!

Was haben Sie bei diesen Bewertungen gefühlt? Mich würde wundern, wenn Sie hierbei etwas anderes gefühlt haben als Freude.

In der folgenden Übersicht sehen Sie, welche Bewertung zu welchem Gefühl führt (vgl. auch Stavemann, 2001, S. 52):

Bewertung	**Gefühl**
Das ist unfair/Mist!	Ärger
Der/die ist unangenehm!	Abneigung
Der/die ist toll!	Zuneigung
Das ist super!	Freude
Das ist schlimm!	Trauer
Das wäre schrecklich!	Angst
Das ist schlimm und wird nie wieder besser!	Niedergeschlagenheit
Das ist peinlich!	Scham
Es ist, wie es ist. Es ist egal.	Nullgefühl

Ein paar Hinweise zu den Bewertungen

- Zu der Bewertung „Unfair!“ und „Mist!“ kommen wir dann, wenn wir unsere Normen und Werte verletzt sehen (was in dem Moment in unseren Augen nicht sein darf) oder wenn uns jemand oder etwas in die Quere kommt, der oder das uns am Erreichen unserer Ziele hindert (was unserer Meinung nach auch nicht sein darf).

- Die Bewertungen, die zu Abneigung und Zuneigung führen, haben jeweils einen konkreten Bezugspunkt. Dieser ist meistens ein Mensch. Der Bezugspunkt kann aber auch ein Tier oder ein Gegenstand sein, z.B.: „Das Haus ist toll! Ich mag das Haus!“

- Die Bewertung, die zu Freude führt, ist ungerichteter und allgemeiner gefasst als die Bewertung, die zu Ab- oder Zuneigung führt.

- Zu Trauer kommt es, wenn eine Person einen Verlust als negativ empfindet.

- Die Bewertungen, die zu Angst und Niedergeschlagenheit führen, haben einen Zukunftsbezug: „wäre“ und „wird“. Die Person stellt sich etwas Negatives vor, was in die Zukunft fantasiert wird. Wer gedanklich rein „im Hier und Jetzt“ ist, kann in dem Moment keine Angst oder Niedergeschlagenheit empfinden.

- Niedergeschlagenheit vereint den als schlimm erlebten Verlust mit der negativen Vorstellung, dass es nie wieder besser wird und der Verlust nie auszugleichen ist.

- „Peinlich!“ finden wir etwas, das wir als unseren Fehler ansehen, für den wir uns infrage stellen und abwerten. Wer einen Fehler bei sich entdeckt, sich dafür aber nicht abwertet, wird ihn vermutlich nicht peinlich finden.

Wenn Sie mögen, blättern Sie noch einmal zurück zu unserem Kundenbetreuer-Team und überprüfen Sie, ob Sie das, was Sie eben gelesen haben, bei der Gefühlsentstehung der einzelnen Personen wiederfinden können.

Fassen wir noch einmal zusammen.

- Situation: Auslöser für den Ablauf der Kette von Gedanken, Bewertung und Emotion
- Gedanken: Basis für die Bewertung
- Bewertung: Ursache für das Gefühl

Die Situation ist lediglich ein Auslöser für unsere Gedanken, die wir uns auf der Basis unserer Vorerfahrungen, Vorlieben, Normen und Werte sowie unserer Ziele machen. Diese Gedanken führen uns zu unserer Bewertung, mit der wir dann unser Gefühl verursachen und festlegen.

Unsere Bewertungen bestimmen also unsere Gefühle.

So verändern Sie Ihre Gefühle

Aus den oben geschilderten Erkenntnissen folgt: Wenn wir unsere Gefühle verändern möchten, müssen wir unsere Bewertungen verändern. Und um die Bewertungen zu verändern, ist es meist sinnvoll, die eigenen Gedanken und Sichtweisen zu verändern.

Gesunde Gedanken erfüllen zwei Kriterien:

1. Sie sind realistisch (d.h., man kann ihren Wahrheitsgehalt im Alltag überprüfen).
2. Sie sind hilfreich (d.h., sie helfen uns, unsere Ziele zu erreichen – und hierzu gehören in der Regel Gesundheit und Wohlbefinden).

(vgl. auch Wolf/Merkle, 2003, S. 25)

Zurück zu der oben geschilderten Situation unseres Kundenbetreuer-Teams. Hier finden wir eine Reihe von Gedanken, die vermutlich nicht realistisch, ganz sicher aber nicht hilfreich für das Erreichen der Ziele der Personen sind:

Herr Paul dachte: „Sicher verhaspele ich mich, wenn mein Chef mich vor dem gesamten Team anspricht." Wir wissen nicht, ob Herr Paul einen Sprachfehler hat oder insgesamt häufig dazu neigt, sich zu verhaspeln. Den Realitätsgrad können wir ohne weitere Vorinformationen nicht einschätzen. Wovon wir jedoch ausgehen können, ist: Es ist nicht hilfreich, sich auf das Befürchtete zu fokussieren, denn im Sinne einer sich selbst erfüllenden Prophezeiung könnte Herr Paul durch seine Gedanken das Befürchtete erst recht herbeiführen. Das Prinzip kennen Sie: Wenn Sie befürchten, im Theater, Kino oder in der Oper einen Hustenanfall zu bekommen, erhöht Ihre Befürchtung die Wahrscheinlichkeit eines Hustenanfalls. Vermutlich wird der Hustenreiz umso größer, je stärker Sie sich das Husten verbieten.

Frau Günter ist der Meinung, alle Menschen hätten die „Regeln der Freundlichkeit" einzuhalten. Ist es realistisch, von allgemeinen Regeln auszugehen? Wohl eher nicht. Hilft ihr diese Ansicht dabei, ihre Ziele zu erreichen? Wenn sie mehr Freundlichkeit auf der Welt sicherstellen will, hilft ihr der Gedanke vielleicht in dem Sinne, dass er ihr Energie vermittelt, immer wieder Menschen auf ihr „Fehlverhalten" hinzuweisen. Wir können nur hoffen, dass Frau Günter nicht auf der Basis ihrer starken Aufregung über das Fehlverhalten anderer ihre eigenen Regeln der Freundlichkeit vergisst ... Insgesamt ist die Vorstellung von allgemein gültigen Regeln ihrer Gelassenheit und ihrem Wohlbefinden sicher eher abträglich.

Frau Hermann hält sich für dumm, weil sie vergessen hatte, den Kunden im Gespräch auf die Preisanhebung hinzuweisen. Ist Frau Hermann wirklich dumm? Ich vermute: nein. Den Realitätsgehalt dieses Gedankens können wir nicht überprüfen. Wir können nur festhalten, dass es nicht sinnvoll ist, einen Menschen bzw. sich selbst wegen eines Versehens für dumm zu halten. Dies ist eine ganz sicher unrealistische Generalisierung. Es mag „dumme" im Sinne von „nicht zielführende" Handlungen geben, aber ich halte es nicht für sinnvoll, Menschen pauschal als „dumm" abzustempeln. Glauben Sie, dass der Gedanke Frau Hermann hilft, ihre Ziele zu erreichen und sich wohl zu fühlen? Wohl kaum.

Gibt es Ausnahmen von der Regel, dass Emotionen durch Bewertungen entstehen?

Ja. Vielleicht haben Sie auch schon einmal erlebt, dass Rauschmittel (z.B. Alkohol und illegale Drogen) oder bestimmte Medikamente Ihre Emotionen verändert haben. Diese so genannten psychotropen (= auf die Psyche Einfluss nehmenden) Substanzen können unsere Psyche und unsere Körperprozesse direkt beeinflussen und unsere Emotionen verändern. Doch ich möchte diese Art der Eingriffsmöglichkeiten auf unsere Gefühle hier nicht näher behandeln.

> Psychopharmaka können zwar unter Umständen bei psychischen Erkrankungen sehr hilfreich sein, sollten aber meiner Meinung nach im emotionalen Selbstmanagement eines gesunden Menschen keine Rolle spielen.

Viel zu hoch ist bei vielen dieser Mittel das Abhängigkeitsrisiko.

Auch durch körpereigene Prozesse können Emotionen verändert werden: Durch Sport wird z.B. die Ausschüttung von „Glückshormonen" meist gewollt herbeigeführt. Wer das kennt, wird ungern darauf verzichten wollen – warum auch, wenn dabei gleichzeitig der Körper fit gehalten wird.
Unabhängig davon kann es allerdings bei Stoffwechsel- und hormonellen Störungen ungewollt zu negativen Emotionen kommen. Sollten Sie lang anhaltend und ohne plausiblen Grund an belastenden Emotionen leiden, ist daher ein ärztlicher Check ratsam, um körperliche Ursachen hierfür auszuschließen. Wenn keine körperlichen Ursachen und kein Rauschmittelkonsum vorliegen, können Sie unseren Ansatz nutzen und an Ihren Gedanken und Bewertungen arbeiten.

Wir werden im folgenden Kapitel untersuchen, worauf man achten sollte, wenn man seine Gefühle gut im Griff haben möchte. Bevor Sie weiterlesen, möchte ich Sie jedoch bitten, Ihr Verständnis des bisher Behandelten zu überprüfen:

Test

Bitte beantworten Sie die folgenden Fragen. Die richtigen Lösungen mit Erläuterungen finden Sie im Anschluss.

Frage 1. Was empfindet jemand, der denkt: „Wenn ich das nicht hinkriege, wäre das schlimm!"?

(a) Trauer
(b) Angst
(c) Niedergeschlagenheit

Frage 2. Zu welcher Bewertung müsste jemand in der Situation einer Beförderung kommen, um sich zu freuen?

(a) Die/Der ist super!
(b) Das ist peinlich!
(c) Das ist toll!

Frage 3. Welche Bewertung führt zu Angst?

(a) Das wäre schlimm!
(b) Das ist toll!
(c) Das ist schlimm!

Frage 4. Was empfindet jemand, der denkt: „Alle haben gesehen, dass ich einen Flecken auf der Bluse habe, wie peinlich!"

(a) Angst
(b) Scham
(c) Niedergeschlagenheit

Frage 5. Wie müsste jemand seine Versetzung in eine andere Abteilung bewerten, um niedergeschlagen zu sein?

(a) Die Versetzung ist schlimm! Es wird nie wieder so schön wie im alten Team!
(b) Es wäre schlimm, wenn es im neuen Team mit der Zusammenarbeit nicht klappt!

(c) Es ist eine Sauerei, dass ich in dieses Team versetzt wurde!

Frage 6. Was empfindet jemand, der denkt: „Der Müller hat mich in der Besprechung einfach unterbrochen. So eine Sauerei!“

(a) Trauer
(b) Ärger
(c) Abneigung

Frage 7. Was empfindet jemand, der denkt: „Der Müller hat mich in der Besprechung einfach unterbrochen. Der ist so ätzend!“

(a) Abneigung
(b) Ärger
(c) Angst

Auflösung

1. (b) ist richtig, denn die Person stellt sich etwas Negatives für die Zukunft vor. Sie hat keinen Verlust erlebt (a), und für die Niedergeschlagenheit (c) fehlt die zusätzliche Hoffnungslosigkeit.
2. (c) ist richtig. (a) führt zu Zuneigung und (b) zu Scham.
3. (a) ist richtig. (b) führt zu Freude und (c) zu Trauer.
4. (b) ist richtig. Wer etwas peinlich findet, empfindet Scham.
5. (a) ist richtig. Die Person erlebt einen negativen Verlust, den sie schlimm findet, und sie koppelt diese Bewertung an eine hoffnungslose, negative Aussicht für die Zukunft. (b) führt zu Angst, (c) zu Ärger.
6. (b) ist richtig. Die Bewertung, etwas sei ungehörig oder ungerecht, führt zu Ärger.
7. (a) ist richtig. Die negative Bewertung bezieht sich auf eine bestimmte Person. Es handelt sich hier nicht um die Einschätzung einer Ungehörigkeit oder Ungerechtigkeit, was zu (b), also Ärger, führen würde. Und es handelt sich auch nicht um eine negative Vermutung in Bezug auf die Zukunft, was zu (c), also Angst, führen würde.

5 Weit verbreitete Denkfallen

Wie man emotionale Turbulenzen herbeiführen und sich das Leben schwer machen kann

Wir haben festgestellt, dass der Weg zu mehr Gelassenheit über eine Veränderung unserer Bewertung von Situationen – und damit über eine Veränderung unseres Denkens – führt.

Sie erinnern sich sicher an die Kriterien sinnvollen, gesunden Denkens. Im Umkehrschluss können wir sagen, dass alle Denkfallen und ungünstigen Denkweisen zwei Dinge gemeinsam haben: Sie sind

1. nicht realistisch und/oder
2. nicht hilfreich, um die eigenen Ziele zu erreichen – wozu in der Regel die eigene Gesundheit und das eigene Wohlbefinden gehören.

Möglichkeiten, ungünstig zu denken und sich dadurch schlecht zu fühlen, gibt es natürlich unzählige, aber wenn Sie es schaffen, in Zukunft weniger oder gar nicht mehr in die im Folgenden vorgestellten neun Denkfallen zu geraten, sind Sie bereits mit Ihrem emotionalen Selbstmanagement einen sehr großen Schritt weiter.

Bitte seien Sie sich bewusst, dass man auch in „Fallen" nicht ohne eigenes Zutun gerät. Wir haben Einfluss darauf und bestimmen selbst, wohin wir unsere Schritte – und hier: unsere Gedanken – lenken.

Wenn Sie für die folgenden Denkfallen sensibilisiert sind, werden Sie sie in Zukunft leichter umgehen und sich besser daraus befreien können.

Wie genau Sie sich von den Denkfallen befreien können, besprechen wir in Kapitel 6. Hier wollen wir uns erst einmal neun Denkfallen-„Klassiker" näher anschauen. Sie werden merken, dass einige der Fallen Gemeinsamkeiten aufweisen und dass einige sich leider auch ganz prima kombinieren lassen – was das Leben nicht gerade einfacher macht. (Vgl. zum Thema Denkfallen auch Stavemann, 2001, S. 73 ff.)

5.1 Selbstabwertung

Dies ist eine der schlimmsten Denkfallen. Sie ist mit anderen Denkfallen oft eng verknüpft: Wer sich selbst abwertet, gerät leichter auch in andere Denkfallen, und wer in die anderen Denkfallen gerät, läuft eher Gefahr, sich selbst abzuwerten. Wenn Sie die Denkfalle der Selbstabwertung in den Griff bekommen und vermeiden, wird es Ihnen auch leichter fallen, andere Denkfallen zu umschiffen.

Herr John ist Projektleiter. Sein Team und er sollen im Unternehmen bundesweit die Umstellung auf eine neue Software vornehmen. Das geplante Datum der Umstellung musste nun schon zum vierten Mal nach hinten verschoben werden. Von vielen Seiten erhält Herr John negative Rückmeldung: Seine Vorgesetzten sind unzufrieden mit seiner Arbeit und fragen ihn fast täglich, ob die Umstellung nun diesmal rechtzeitig klappen wird. Sein direkter Vorgesetzter mutmaßte neulich, Herr John habe wohl sein Projekt nicht im Griff. Auch die Ansprechpartner vor Ort sind nicht gut auf ihn zu sprechen und reagieren genervt auf seine Anrufe. Sein Projektteam steht zwar geschlossen hinter ihm, aber er hat den Eindruck, versagt zu haben. Gestern ist er sogar völlig unvorbereitet in eine Projektsitzung gegangen. Er fühlt sich minderwertig, hat ausgeprägte Selbstzweifel, meint, er habe nichts mehr im Griff und sei ein schlechter Projektleiter.

Typische Sätze, die im Zusammenhang mit dieser Denkfalle auftauchen, sind:

- Ich bin wertlos.
- Ich bin schlecht.
- Ich bin ein Versager / eine Versagerin.
- Ich bin zu blöd/hässlich/ungeschickt.

- Ich bin ein schlechter Projektleiter/Mitarbeiter/Kollege/Vorgesetzter/Vater/Freund … bzw. eine schlechte Projektleiterin/Mitarbeiterin/Kollegin/Vorgesetzte/Mutter/Freundin …
- Ich habe das (Gute) nicht verdient.

Lassen Sie uns hier die Kriterien für angemessenes, gesundes Denken heranziehen: Keiner der eben genannten Sätze entspricht der Realität. Denn kein Mensch ist nur schlecht, kein Mensch nur ein Versager, kein Mensch ist wertlos, zu blöd, zu hässlich etc. Die oben genannten Sätze sind in ihrer Absolutheit völlig unrealistisch. Selbstabwertung ist das Ergebnis einer Reihe ungünstiger Denkmuster.

Hier einige Beispiele dessen, was Herr John denkt, um zu seiner Selbstabwertung zu kommen:

Er konzentriert sich auf negative Beobachtungen, generalisiert daraus seine Meinung und blendet Gegenbeispiele und andere Blickwinkel aus.
Beispielsweise: „Ich war heute in der Besprechung nicht vorbereitet. Ich bin wirklich immer zu schlecht vorbereitet!“ – Dass er auf die Besprechung vorgestern sehr gut vorbereitet war, blendet Herr John aus. Oder: „Nichts gelingt mir!“ Auch wenn im Projekt zurzeit einiges nicht gut zu laufen scheint, so hat er doch die Gabe, das Team hinter sich zu vereinen. Doch dies sieht er in diesem Moment nicht.

Er führt in seinen Rückschlüssen Ebenenwechsel durch.
Beispielsweise: „Jetzt haben wir schon mehrere Termine nicht eingehalten und gestern war ich nicht einmal gut vorbereitet für die Sitzung. Ich bin unfähig und ein Versager.“ Hier wird von der Verhaltensebene auf die Fähigkeits- und Identitätsebene geschlossen. Die ganze Person wird aufgrund einzelner Handlungen bewertet. Dies sollten wir weder mit uns noch mit anderen tun. Wenn jemand meint, etwas falsch gemacht zu haben, mag das eine in dem Kontext für ihn falsche Handlung gewesen sein. Diese Handlung sagt jedoch noch nichts über seine grundsätzlichen Fähigkeiten und schon gar nicht etwas über seinen Wert als Mensch aus.

Er berücksichtigt den Kontext nicht und schreibt alles Negative nur sich selbst zu.
Vielleicht hätte Herr John mit seinem Team sehr wohl die Termine einhalten können, wenn die Konzernleitung nicht zwischendurch für andere Projekte Kapazitäten aus seinem Projektteam abgezogen hätte. Damit hat auch die Konzernleitung zu den Projektverzögerungen beigetragen. Außerdem hatte Herr John sehr wohl Zeit zur Vorbereitung der Sitzung eingeplant, musste dann jedoch kurzfristig ein schwer wiegendes akutes Problem lösen, welches das Unternehmen andernfalls viel Geld gekostet hätte. In diesem Kontext war seine Priorisierung zugunsten der Problemlösung – mit der Folge, in der Sitzung nicht vorbereitet zu sein – für das Unternehmen insgesamt gesehen sehr sinnvoll.

Er nimmt negative Meinungen über sich, seine Fähigkeiten und seine Handlungen als Tatsachen auf.
Dies ist z.B. der Fall, wenn Herr John die Aussage einer Führungskraft, er habe sein Projekt nicht im Griff, unreflektiert sofort als Tatsache interpretiert, ohne sich die Freiheit zu nehmen, darüber nachzudenken, ob er selbst das auch so sieht.

Um sich noch schlechter zu fühlen und seinen Eindruck von Minderwertigkeit zu verstärken, könnte Herr John sich zu allem Überfluss auch noch mit anderen Projektleitern vergleichen, deren Projekte sehr erfolgreich laufen. Wie gesagt, müsste der Vergleich aber wirklich einseitig sein: Er dürfte sich nur mit Projektleitern vergleichen, deren Projekte erfolgreich laufen, und er müsste alle anderen Projektleiter ausblenden, die auch Schwierigkeiten haben, ihre Projekte erfolgreich abzuschließen. Auf diese Weise könnte er seinen Eindruck, er sei ein Versager, untermauern und weiter ausbauen.

Ebenso wie die oben aufgelisteten Gedankengänge nicht realistisch sind, ist keiner von ihnen dazu geeignet, sich wohl zu fühlen, gesund zu sein und seine Lebensziele zu erreichen.

> Vielmehr rauben uns solche Denkweisen unsere Motivation und Energie, und sie führen als sich selbst erfüllende Prophezeiungen tatsächlich leider oft zu Misserfolgen.

Wer der Meinung ist, er sei dumm, schlecht oder habe eine bestimmte Position nicht verdient, wird sich z.B. auf eine

interessante Stellenausschreibung nicht bewerben. Und wenn er dies doch tut, können Sie sich sicher vorstellen, welche Ausstrahlung er im Bewerbungsgespräch mit diesem Selbstbild haben wird.
Menschen, die sehr stark zu dieser selbstabwertenden Denkweise neigen, nehmen Dinge oft persönlich, d.h., sie haben schnell den Eindruck, angegriffen zu werden, und brauchen meist viel Aufmerksamkeit und Lob – was sie allerdings in der Regel dann nur schwer annehmen können. Auf diese Weise machen sie es nicht nur sich, sondern auch den Menschen in ihrem Umfeld schwer.

Denkanstoß

Kennen Sie die Denkfalle der Selbstabwertung von sich? Wenn ja: Wann und in welchen Situationen werten Sie sich ab? Notieren Sie typische Situationen und überprüfen Sie, ob Sie darin ein wiederkehrendes Muster entdecken, von dem Sie sich befreien wollen. Wenn die Selbstabwertung für Sie ein Thema ist, achten Sie in Kapitel 6 bitte besonders auf die Denkalternativen zu dieser Denkfalle!

5.2 Katastrophendenken

Diese Denkfalle besteht in der maßlosen Übertreibung von negativen Bewertungen.

Frau Ludwig betreut den Großkunden König GmbH. Hier hat sie mit dem Einkäufer Herrn Ernst zu tun, über den Sie sich immer wieder maßlos aufregt. Gerade gestern hat er versucht, hinter ihrem Rücken bei ihrer Vorgesetzten bessere Preise zu erzielen. Dies findet sie „ungeheuerlich" und „unerträglich" für die Geschäftsbeziehung. Außerdem vermutet sie, dass er sich über ihre Preisgestaltung bei ihrer Chefin beschwert hat und dies „entsetzliche" Folgen – nämlich die Kündigung – nach sich ziehen wird. Dies wäre „ihr Ende".

Sind diese Gedanken realistisch? Wohl eher nicht. Was heißt denn „unerträglich“? Das hieße, dass Frau Ludwig es nicht schafft, das Verhalten des Kunden zu ertragen. Was soll damit gemeint sein? Dass sie tot umfällt, wenn der Kunde sich so verhält?
Wir kennen Frau Ludwig nicht näher, aber die meisten Menschen – vermutlich auch Frau Ludwig – schaffen es sehr wohl, auch unangenehme Verhaltensweisen von Mitmenschen zu ertragen und sogar konstruktiv damit umzugehen. Und wer das noch nicht kann, kann es lernen.
Wäre es realistisch, dass ihre Chefin ihr wegen dieser Kundenbeschwerde kündigt? Ohne die Chefin und nähere Umstände (Vorgeschichte, Unternehmensgröße, Betriebsrat etc.) näher zu kennen, können wir dies nicht genau einschätzen. Meiner Erfahrung nach reicht eine Kundenbeschwerde als Kündigungsgrund in den meisten Fällen nicht aus. Und selbst wenn wir annehmen, die Chefin würde Frau Ludwig aufgrund dieser Beschwerde kündigen: Wäre das tatsächlich „das Ende“ für Frau Ludwig? Würde sie dann tot umfallen? Die meisten Menschen tun dies nicht – auch wenn viele eine Kündigung als schmerzlich empfinden. Eine Kündigung kann bewältigt werden, jedenfalls schaffen es sehr viele Menschen, damit umzugehen. Ich kenne sogar viele Menschen, die aus einer solchen Situation gestärkt hervorgegangen sind und beruflich neu durchstarteten.

Sind diese maßlos übertriebenen negativen Bewertungen hilfreich? Ganz bestimmt nicht.

> Wer aus negativen Bewertungen immer gleich Katastrophen macht, läuft Gefahr, gefühlsmäßig und verhaltensmäßig überzureagieren oder zu erstarren.

Er verliert den Blick für seine Möglichkeiten, auf die Situation Einfluss zu nehmen. Daher geht diese Denkfalle oft mit starker Niedergeschlagenheit und extremer Angst einher. Wir kennen den Ausdruck „vor Angst erstarrt“. Die Folge ist, dass wir unsere Ziele nicht erreichen können.

Eine weit verbreitete Fassung dieser Denkfalle ist die Übertreibung von Fehlern und Irrtümern. Wie Sie wissen, macht jeder Mensch Fehler. Aber es gibt Menschen, die es als Katastrophe ansehen, einen Fehler zu machen. Für sie ist es „entsetzlich", „das Ende", „unerträglich", „nicht auszuhalten", wenn sie Fehler machen. Doch wie wir oben schon besprochen haben, ist es nicht realistisch und auch nicht hilfreich, so zu denken. Vielmehr ist es hilfreich und souverän, Verantwortung für sein Handeln und seine Fehler zu übernehmen, daraus zu lernen und zu versuchen, es in Zukunft besser zu machen.
Selbst Handlungen, die nicht die gewünschte Wirkung erzielt haben, haben oft ihr Gutes. So soll z.B. ein berühmter Erfinder einmal auf die Frage, wie er all seine Fehlversuche verarbeiten konnte, gesagt haben: „Fehlversuche? Wieso Fehlversuche? Diese Versuche haben mir gezeigt, wie es nicht geht!" Seine Sichtweise war: Auch die „Fehlversuche" bringen mich meinem Ziel näher.

Denkanstoß

Kennen Sie die Denkfalle des Katastrophendenkens von sich? Wenn ja: Wann und in welchen Situationen neigen Sie zum Katastrophendenken? Notieren Sie typische Situationen und überprüfen Sie, ob Sie darin ein wiederkehrendes Muster entdecken, von dem Sie sich befreien wollen. Wenn das Katastrophendenken für Sie ein Thema ist, achten Sie in Kapitel 6 bitte besonders auf die Denkalternativen zu dieser Denkfalle!

5.3 Übertriebenes Verantwortungsdenken

Zentraler Punkt dieser Denkfalle ist der Glaube, auch für Dinge verantwortlich zu sein, die entweder nicht in den eigenen Zuständigkeitsbereich fallen oder die man womöglich gar nicht selbst beeinflussen kann.

Frau Martin ist Filialleiterin. Über mehr als eineinhalb Jahre kam es wiederholt vor, dass eine Kasse abends Fehlbeträge aufwies. Mehrere vertrauliche Gespräche mit den Angestellten und auch mit dem gesamten Team brachten keine Änderung. So entschied sie gemeinsam mit der Bereichsleitung und dem Betriebsrat, Kameras in ihrer Filiale anbringen zu lassen. Und obwohl auch die Mitarbeiterinnen und Mitarbeiter darüber informiert wurden, konnte nach kurzer Zeit eine langjährige Mitarbeiterin anhand der Aufnahmen des Diebstahls überführt werden. Kurz nachdem Frau Martin mit der Mitarbeiterin ein dementsprechend übliches, sachliches Mitarbeitergespräch geführt und die Kündigung ausgesprochen hatte, nahm sich die Mitarbeiterin das Leben. Seither findet Frau Martin keine Ruhe mehr. Sie hat den Eindruck, dass sie für den Selbstmord der Mitarbeiterin verantwortlich sei. Sie kann nicht mehr schlafen, ist völlig erschöpft und kann an nichts anderes mehr denken. Seit mehreren Wochen ist sie schon krankgeschrieben, weil sie sich nicht auf ihre Arbeit konzentrieren kann.

Was meinen Sie? Ist die Einschätzung von Frau Martin, sie sei für den Freitod der Mitarbeiterin verantwortlich, realistisch und richtig? Sicher nicht. Frau Martin hat getan, was sie als Führungskraft tun musste.

Es ist tragisch, welche Konsequenz die Mitarbeiterin aus der Kündigung für sich gezogen hat. (Vermutlich war die Mitarbeiterin in die Falle des Katastrophendenkens geraten.) Doch welche Konsequenzen jemand zieht und was er tut, liegt in seiner eigenen Verantwortung.

> Jeder kann nur für sein eigenes Handeln verantwortlich sein und gemacht werden, insbesondere wenn wir es im Arbeitsleben – außer im klinischen Bereich – in der Regel mit zurechnungsfähigen, nicht entmündigten Menschen zu tun haben.

Die Frage, ob dieses Denken hilfreich ist, erübrigt sich, wenn wir bedenken, wie schlecht es Frau Martin geht und wie dieses Denken sie daran hindert, ihren normalen Alltag zu bewältigen.

Zugegebenermaßen und zum Glück ist dies ein eher seltenes, extremes Beispiel. Es handelt sich in abgewandelter Form um eine reale Situation aus einem meiner Coachings. Wir finden übertriebenes Verantwortungsdenken auch in vielen anderen alltäglichen Ausprägungen, z.B. ...

- wenn ein Chef sich für das Benehmen eines Mitarbeiters schämt.
- wenn eine Kollegin meint, sie müsse immer alles im Auge behalten, sonst würden die Kollegen ihre Arbeit nicht oder fehlerhaft machen.
- wenn die Führungskraft Unmut über die Qualität der Daten äußert und ein Mitarbeiter als Einziger die ganze Nacht an der Überarbeitung sitzt, während die anderen, die es auch hätten machen können, längst zu Hause sind und schlafen.
- wenn jemand ungebeten etwas tut, was in den Verantwortungsbereich eines anderen fällt, weil er meint, er könne es besser, oder weil er dem anderen nicht zutraut, die Aufgabe selbst zu lösen.
- wenn ein Kollege sich für einen anderen einsetzt und sich dabei Unannehmlichkeiten einhandelt, obwohl der andere diesen Einsatz nicht einmal wünschenswert findet.

Ich hoffe, aus den Beispielen ist Folgendes deutlich geworden:

> Es ist sicher nicht falsch, Verantwortung zu übernehmen.

Das kann Spaß machen, und es bringt den Einzelnen und das Team weiter, wenn alle auch mal über den Tellerrand schauen und sich gegenseitig unterstützen.

> Was jedoch falsch ist, ist ganz sicherlich, sich für Dinge verantwortlich zu glauben, die in den Zuständigkeitsbereich eines anderen fallen und Aufgaben ungebeten und unabgesprochen an sich zu reißen – dies hieße nämlich, den anderen zu entmündigen.

Viel kollegialer ist es, den anderen auf mögliche Bedenken anzusprechen, ihm eine Rückmeldung zu geben und Hilfe anzubieten.

Ferner ist es auch ganz sicher falsch, sich für Dinge verantwortlich zu glauben, auf die man gar keinen Einfluss hat. Zwar kann es einerseits sehr desillusionierend sein, sich bewusst zu machen, dass man auf bestimmte Dinge keinen Einfluss hat. Diese Einsicht kann jedoch andererseits auch sehr entlastend sein. Wir sollten unsere Energie in Dinge investieren, für die wir wirklich zuständig und verantwortlich sind – und die sich von uns beeinflussen lassen.

Denkanstoß

Kennen Sie diese Denkfalle von sich? Wenn ja: Wann und in welchen Situationen neigen Sie zum übertriebenen Verantwortungsdenken? Notieren Sie typische Situationen und überprüfen Sie, ob Sie darin ein wiederkehrendes Muster entdecken, von dem Sie sich befreien wollen. Wenn das übertriebene Verantwortungsdenken für Sie ein Thema ist, achten Sie in Kapitel 6 bitte besonders auf die Denkalternativen zu dieser Denkfalle!

5.4 Absolute Forderungen und Muss-Denken

Bei dieser Denkfalle geht es um Normen, Werte und Regeln. Deren Einhaltung ist dem Betroffenen in übertriebenem Maße wichtig, und sobald er selbst oder andere nicht diesen Regeln entsprechend handeln, kommt es entweder zu großer Wut über sich selbst oder auf andere. Dabei ist der Betroffene meist nicht der Meinung, dass es sich um seine individuellen Regeln handelt, sondern er sieht seine Regeln als allgemein gültig an und kann nicht verstehen und akzeptieren, dass andere Menschen bezüglich der Regeln andere Sichtweisen haben.

Herr Bert ist Mitarbeiter der IT-Abteilung. Er betreut eine bestimmte Software, die erst vor kurzem neu eingeführt wurde. Die entsprechenden Anwender sind hinsichtlich der Software geschult worden und haben Handbücher erhalten. Trotzdem erhält Herr Bert viele Anrufe von Kolleginnen und Kollegen, die ihn Dinge fragen, die sie auch im Handbuch hätten nachschlagen können. Er findet das unverschämt, weil ihm die Kollegen damit, wie er meint, seine kostbare Arbeitszeit stehlen. Er denkt, sie hätten gefälligst selbst im Handbuch nachzuschauen und sich nur für solche Sonderfragen an ihn zu wenden, die wirklich sein Know-how erfordern. Es sei doch wohl eine Selbstverständlichkeit, dass man nicht für jede kleine Frage einen Kollegen bei der Arbeit stören könne. Man solle doch erst mal selbst nachdenken und nach der Lösung suchen! Das gehöre sich so!

Ist so ein Denken realistisch? Gibt es absolute, allgemein gültige Regeln? Was meinen Sie? Vielleicht denken Sie gerade an unser Gesetz? Sind dies wirklich absolute, allgemein gültige Regeln?
Nein. Unser Gesetz wird selbst von Juristen unterschiedlich ausgelegt. Und offensichtlich gibt es immer wieder Menschen, die diese Regeln für sich nicht akzeptieren. Eine Reihe von ihnen sitzt im Gefängnis. Wir werden für jede Regel – so gut sie in unseren Augen auch sein mag – Menschen finden, die diese nicht akzeptieren. Selbst die Regel „Man soll nicht töten" setzen viele Menschen für sich außer Kraft, oft sogar in dem Glauben, damit im Recht zu sein. Dies wird uns deutlich, wenn wir an Morde, Attentate oder Kriege denken.

Wenn es also keine absoluten, allgemein gültigen Regeln gibt, ist es auch unsinnig, von anderen zu fordern, sie müssten sich nach meinen Regeln richten. Genauso gut könnten die anderen von mir fordern, ich solle mich an ihre Regeln halten.

Es ist zwar für das Zusammenleben äußerst nützlich, sich gemeinsam auf Regeln zu einigen und diese einzuhalten, jedoch sollten wir uns immer wieder bewusst machen, dass es zu Missverständnissen, Meinungsverschiedenheiten und Regelverletzungen kommen kann. Wenn wir dies akzeptieren, werden wir uns nicht immer wieder so stark ärgern.

Außerdem ist es unrealistisch davon auszugehen, es gäbe ein absolutes „Muss". Kein Mensch muss irgendetwas. Kein Mensch kann gezwungen werden, Regeln einzuhalten – es ist lediglich möglich, für den Fall eines Regelverstoßes Konsequenzen aufzuzeigen, die dem Betreffenden unangenehm sind. Dann wird er sich vermutlich von selbst entscheiden, sich an die Regel zu halten. Es bleibt jedoch seine Entscheidung.

Eine Forderung wird also erst im Zusammenhang mit einer bestimmten Konsequenz, die wir nicht bereit sind zu tragen, für uns zum herkömmlichen „Muss".

Dieses „Muss" ist jedoch nichts Absolutes, sondern etwas sehr Individuelles, bezogen auf die betreffende Situation und den betreffenden Menschen. Jeder Mensch, der bereit ist, die Konsequenzen zu tragen, ist frei zu tun, was er für richtig hält. Also: Niemand muss, wir alle entscheiden uns. Wir müssen auch nicht auf die Toilette gehen, aber wir entscheiden uns aus gutem Grund dafür.

Die Kollegen von Herrn Bert rufen lieber ihn an, statt im Handbuch nachzuschauen. Vermutlich haben sie auf diese Weise schneller ihre Antwort und können dann ohne Zeitverzug weiterarbeiten. Im Einzelfall kann dies für das Unternehmen und den Kunden sogar kostengünstiger sein. Herr Bert allerdings möchte nicht ständig unterbrochen werden, weil er dann nicht effektiv und gut arbeiten kann. Er könnte sich also mit seinen Kollegen zusammensetzen und mit ihnen die Regel vereinbaren, dass sie bei Fragen zuerst ins Handbuch schauen. Er könnte ihnen erläutern, weshalb es wichtig für ihn ist, nicht ständig bei seiner Arbeit unterbrochen zu werden. Er könnte auch Konsequenzen aufzeigen (z.B. weniger Zeit, um andere Probleme der Kollegen zu lösen), um die Kollegen vom vorschnellen Anrufen abzuhalten. Vermutlich wird sich dann ein Teil der Kollegen an seine Regel halten. Doch es wäre nicht hilfreich, wenn er sich bei Zuwiderhandlungen dieser Abmachung immer maßlos ärgert, denn dann würden zu der Unterbrechung seiner Arbeit auch noch emotionale Turbulenzen und somit Energieverluste kommen.

Damit haben wir auch schon die zweite wichtige Frage beantwortet: Absolute Forderungen und Muss-Denken sind nicht hilfreich dabei, sich wohl zu fühlen und seine Ziele zu erreichen. Vielmehr eignet sich dieses Denken dazu, sich maßlos aufzuregen, wütend zu werden und immer wieder Konflikte zu erzeugen.

Schauen wir uns nun noch zwei Spezialfälle der Denkfalle der absoluten Forderungen und des Muss-Denkens an:

Gerechtigkeit

Eine dieser beiden Spezialfallen ist das Konzept der – allgemein gültigen – Gerechtigkeit. Wer in diese Falle gerät, ist der Meinung, es gebe eine für alle Menschen gültige Gerechtigkeit. Er setzt sich und andere bei dem Bestreben, diese Gerechtigkeit zu erreichen, stark unter Druck. Der Betroffene versteht nicht, dass man alles aus verschiedenen Blickwinkeln sehen kann und dass der eine das, was der andere gerecht findet, sehr ungerecht finden kann.

Nehmen wir z.B. den Fall zweier Azubis: Beide bekommen dieselbe Aufgabe. Das findet der Ausbilder gerecht. Einer der Azubis ist damit aber gar nicht einverstanden, denn er hat viel weniger Vorkenntnisse als sein Kollege. Daraus lernt nun der Ausbilder und gibt den nächsten zwei Azubis unterschiedliche, seiner Meinung nach ihrem Ausbildungsstand entsprechende Aufgaben. Doch wieder ist einer der Azubis unzufrieden und hält die Aufgabenstellung für ungerecht: Sein Azubi-Kollege hätte sich ja auch vorher schlau und fit machen können. Er sieht es als Bestrafung an, dass er, bloß weil er bereits vorher fleißig war, durch eine schwerere Aufgabe seiner Meinung nach „bestraft“ wird.

Der Wunsch nach einer allgemein gültigen Gerechtigkeit bleibt ebenso wie der Wunsch nach allgemein gültigen, von allen beachteten Regeln immer unbefriedigt.

> Das Denken, dass es eine für alle gültige Gerechtigkeit gibt, ist unrealistisch.

Wir können höchstens in Bezug auf ein bestimmtes Kriterium und aus einem bestimmten Blickwinkel heraus versuchen, gerecht zu handeln. Ob andere jedoch das dann auch als gerecht betrachten, hängt wiederum von deren Sichtweise ab.
Ebenso ist es unsinnig zu glauben, andere müssten immer so handeln, dass wir selbst es als gerecht ansehen.

Schlechtes Gewissen

Häufig werde ich gefragt, was es mit dem schlechten Gewissen auf sich habe. Es handelt sich hier um einen weiteren Spezialfall der Denkfalle der absoluten Forderungen und des Muss-Denkens. Lassen Sie uns dieses Phänomen näher anschauen:

Frau Konstantin, die sonst immer spätestens um acht Uhr mit ihrer Arbeit beginnt, kam heute erst um neun Uhr ins Büro. Dies ist aus Sicht des Arbeitgebers prinzipiell kein Problem, da im Unternehmen die Gleitzeit gilt. Als Frau Konstantin jedoch ins Büro kam, erzählte ihre etwas aufgelöst wirkende Kollegin sofort, was für einen Stress sie in der letzten Stunde gehabt habe: Wegen des Kundenmailings hätten bereits sehr viele Kunden angerufen, und weil doch der eine Kollege krank und die andere Kollegin im Urlaub sei, habe sie die ganze Stunde den Hörer nicht aus der Hand legen können. Einige Kunden seien sehr ärgerlich und ausfallend geworden, weil sie so lange am Telefon warten mussten. Frau Konstantin, die ganz vergessen hatte, dass sie und ihre Kollegin nur zu zweit sein würden und dass aufgrund des Kundenmailings mit vielen Anrufen zu rechnen sein würde, dachte sofort, dass es gemein und unkollegial von ihr war, gerade heute später zu kommen. Sie bekam ein schlechtes Gewissen und entschuldigte sich sofort mehrfach bei ihrer Kollegin.

Wie entsteht ein schlechtes Gewissen? Es entsteht aus der Kombination aus

1. dem Eindruck, gegen eine Regel verstoßen, also etwas falsch gemacht zu haben, und
2. einer darauf beruhenden Selbstabwertung.

Beides alleine führt nicht zu schlechtem Gewissen: Jemand, der glaubt, gegen eine Regel verstoßen zu haben, kann daraus lernen und es beim nächsten Mal besser machen. Und jemand, der sich selbst abwertet, ohne einen Regelverstoß begangen zu haben, wird sich wohl schlecht fühlen, aber sicher kein schlechtes Gewissen haben.
Wie bereits am Anfang dieses Abschnitts erwähnt, ist die Denkfalle der absoluten Forderungen und des Muss-Denkens grundsätzlich gut dafür geeignet, sich über sich selbst und andere zu ärgern.

> Wenn zum Selbstärger die Selbstabwertung hinzukommt, führt dies zu einem schlechten Gewissen und emotional häufig zu Scham; dann nämlich, wenn jemand seinen Regelverstoß peinlich findet.

Das schlechte Gewissen basiert also genau genommen auf der Kombination zweier Denkfallen:

1 Absoluten Forderungen und Muss-Denken und
2. Selbstabwertung.

Denkanstoß

Kennen Sie die Denkfalle der absoluten Forderungen und des Muss-Denkens von sich? Wenn ja: Wann und in welchen Situationen neigen Sie zu diesem Denken? Notieren Sie typische Situationen und überprüfen Sie, ob Sie darin ein wiederkehrendes Muster entdecken, von dem Sie sich befreien wollen. Wenn absolute Forderungen und Muss-Denken für Sie ein Thema sind, achten Sie in Kapitel 6 bitte besonders auf die Denkalternativen zu dieser Denkfalle!

5.5 Perfektionismus

Es ist sicher nicht verkehrt, wenn wir im (Arbeits-)Leben anstreben, gute und sehr gute Leistungen zu erbringen. Das kann uns anspornen, Spaß machen, zu Verbesserungen und Weiterentwicklung führen und uns Erfolge bescheren. Doch was, glauben Sie, ist die psychische und emotionale Folge, wenn wir bestrebt sind, allzeit und allerorts perfekt zu sein? Nehmen Sie sich einen kurzen Augenblick Zeit für Ihre Antwort.

Der zentrale Punkt ist, dass Menschen, die sich keine Fehler erlauben, stetig unter Druck stehen.

Meistens ist dieser Druck gekoppelt mit Ängsten – also mit Vorstellungen davon, was die negative Folge sein könnte, falls sie doch einen Fehler machen sollten. Diese Ängste können (besonders bei einem zusätzlichen Hang zum Katastrophendenken) derart belastend werden, dass sie den Betroffenen durch die starke Anspannung erst recht an einer guten Leistung hindern. Besonders belastend wird der Perfektionismus, wenn der Betreffende sich bei einem Fehler selbst abwertet. Sie sehen hier ganz besonders, wie eng die Denkfallen zusammenhängen können.

Frau Tim z.B.: Sie hat auf dem zweiten Bildungsweg ihr Abitur gemacht, als ihr Kind gerade zwei Jahre alt war. Danach schloss sie mit sehr guten Noten ihr BWL-Studium ab, während ihr Mann und sie ein Haus bauten, und begann dann ihre Karriere im Rechnungswesen eines großen Unternehmens. Sie war immer bekannt dafür, dass ihre Berechnungen und Auswertungen Hand und Fuß haben. Wenn es genau sein musste, übertrug man die Aufgabe Frau Tim. Nach nur fünf Jahren hat sie sich zur Abteilungsleiterin hochgearbeitet. Sie arbeitet sehr viel und die Betreuung ihres Kindes ist bestens organisiert. Natürlich hat sie nicht nur als Abteilungsleiterin, sondern auch als Mutter höchste Ansprüche an sich selbst. Sie ist zwar oft sehr erschöpft und leidet an psychosomatischen Störungen wie Verspannungen und Magenproblemen, aber ihr Perfektionsanspruch war bisher immer ein innerer Antreiber und somit motivierend für sie. Doch seit einiger Zeit merkt Frau Tim, dass ihr Dinge aus den Händen gleiten: Wegen des erhöhten Arbeitsaufkommens bleibt sie neuerdings noch länger im Büro. Ihr Kind ist darüber sehr traurig, was in ihr Gewissenskonflikte auslöst. Weil viele wichtige Auswertungen anstehen, von denen sie denkt, dass die Mitarbeiter sie nicht so akkurat wie sie selbst erledigen würden, macht sie diese in Überstunden selbst. (Hier lässt sich auch der Einfluss eines übertriebenen Verantwortungsdenkens vermuten.) Sie nimmt sich viel Zeit für wiederholte, eigene Korrekturdurchgänge, sodass die liegen gebliebene Arbeit sich immer weiter auftürmt. Immer häufiger warten Mitarbeiter tagelang auf eine Entscheidung von ihr, weil sie sich viel Zeit nimmt, um für eine „perfekte“ Entscheidung alle nötigen Informationen einzuholen.

Lassen Sie uns auch für den Perfektionismus die zwei Kriterien für angemessenes, hilfreiches Denken zur Prüfung heranziehen:
Ist es eine realistische Forderung an sich, alles perfekt zu machen? Nein. Vieles ließe sich immer weiter verbessern und jede/-r macht auch mal Fehler. Wir können unsere Fehlerquote höchstens durch eigene oder fremde Kontrollen verringern.

> Es ist also eine unrealistische, unmenschliche Forderung, perfekt zu sein.

Oder haben Sie jemals jemanden getroffen, der es geschafft hat, dieser Forderung zu entsprechen?
Kommen wir zum zweiten Kriterium für angemessenes Denken: Ist es hilfreich, an sich den Anspruch der Perfektion zu haben? Diese Frage ist nicht so einfach zu beantworten. Viele meiner hoch qualifizierten, meist sehr erfolgreichen Kunden sind auf ihrem Karriereweg von ihrem Perfektionismus getrieben worden. Also scheint dieses Denken unter Karrieregesichtspunkten hilfreich sein zu können. Aber irgendwann merken diese erfolgreichen Menschen meist, dass ihr Perfektionsanspruch einfach nicht (mehr) zu erfüllen ist. Die Rahmenbedingungen (z.B. die zur Verfügung oder besser nicht zur Verfügung stehende Zeit und die

nicht zur Verfügung stehenden Informationen, Mitarbeiter, Arbeitswerkzeuge, Materialien) und das meist sehr hohe Arbeitsaufkommen machen eine perfekte Erledigung der Aufgaben in der Regel unmöglich. Wenn z.B. in einem bestimmten Moment wichtige Informationen fehlen, aber sofort eine Entscheidung gefällt werden muss, dann kann es eben sein, dass es nicht die perfekte Entscheidung wird – aber die unter den Umständen bestmögliche. Wenn Kapazitäten im Team fehlen, dann ist manchmal eben auch unter größter Anstrengung kein perfektes Ergebnis zu erwarten.
Es ist wichtig, dies zu akzeptieren, sonst ist die Gefahr des Ausbrennens, d.h. der chronischen Erschöpfung – auch bekannt als Burn-out – sehr groß.

> Es ist hilfreich, seine eigenen und die Grenzen der Umstände zu akzeptieren, um seine Energie und Kapazitäten sinnvoll einzusetzen.

Denkanstoß

Kennen Sie die Denkfalle des Perfektionismus von sich? Wenn ja: Wann und in welchen Situationen neigen Sie zum Perfektionismus? Notieren Sie typische Situationen und überprüfen Sie, ob Sie darin ein wiederkehrendes Muster entdecken, von dem Sie sich befreien wollen. Wenn der Perfektionismus für Sie ein Thema ist, achten Sie in Kapitel 6 bitte besonders auf die Denkalternativen zu dieser Denkfalle!

5.6 Streben, von allen gemocht zu werden

Haben Sie schon einmal jemanden getroffen, der von allen gemocht wurde? Ich nicht. Das haben nicht einmal Ghandi oder Mutter Teresa geschafft, und das schafft auch jemand wie der Dalai Lama nicht. Das Streben, von allen gemocht zu werden, ist unrealistisch und nicht erfüllbar.

Selbst wenn es jemandem gelingt, von vielen gemocht zu werden, gibt es in der Regel ein paar Neider, die der Person ihre Beliebtheit nicht gönnen. Trotzdem gibt es immer wieder Menschen, die versuchen, den Zuspruch aller zu erhalten.

Frau Otto ist Teamassistentin und allzeit für alle ansprechbar. Wenn jemand mit einem Anliegen zu ihr kommt und sie um einen Gefallen bittet, sagt sie stets ihre Unterstützung zu. Sie gibt sich nach außen immer fröhlich, auch wenn ihr einmal nicht danach ist. Sie würde nie zeigen, wenn es ihr schlecht geht oder wenn jemand etwas tut, das ihr nicht gefällt. Bevor sie jemanden „vor den Kopf stößt" und Nein sagt, bleibt sie lieber länger, um die Arbeit zu erledigen. Eigene Wünsche und Ziele stellt sie dabei oft zurück. In Teamsitzungen ist sie mit den Vorschlägen der anderen einverstanden, auch wenn diese hin und wieder Nachteile für sie mit sich bringen. Grenzen zu setzen oder eine entgegengesetzte Meinung zu vertreten, käme ihr nicht in den Sinn – zu groß schätzt sie die Gefahr ein, dass die anderen sie dann nicht mehr mögen würden.

Wir Menschen sind soziale Wesen. Unserem Selbstwert tut es gut, wenn wir Anerkennung von anderen erhalten, und daher suchen wir normalerweise den Kontakt zu anderen Menschen und deren Zuspruch. Aber muss es gleich die Anerkennung aller sein?

> Der Anspruch, von allen gemocht zu werden, ist absolut unrealistisch.

Sie mögen doch auch nicht alle, oder? Wen man mag und wen man nicht mag, ist Geschmackssache. Und es reicht doch, den Menschen zu gefallen bzw. von den Menschen gemocht zu werden, die für einen selbst wichtig sind und die man selbst auch mag.
Prüfen wir als Nächstes, ob dieses Streben hilfreich ist: Das Streben, von allen gemocht zu werden, hilft uns sicherlich, zu anderen freundlich zu sein, sie zu unterstützen, ihre Grenzen zu respektieren und vieles mehr. Das klingt danach, als ob uns dieses Streben hilft, beziehungstauglich zu sein. Aber

Vorsicht! Wenn wir danach streben, von allen gemocht zu werden, laufen wir Gefahr, uns selbst und unser Profil zu verlieren.

> Es besteht die Gefahr, eigene Bedürfnisse nicht zu befriedigen, zum Opportunisten zu werden, und allen nach dem Mund zu reden.

Spätestens dann kommt es zur ersten Ablehnung, denn niemand mag auf Dauer Menschen, die keine eigene Meinung und kein eigenes Profil haben. Menschen, die sich nicht trauen, eigene Meinungen zu äußern und auch zu vertreten, die sich nicht trauen, Grenzen zu ziehen und eigene Wege zu gehen, laufen Gefahr, langweilig zu wirken, ausgenutzt zu werden und – so paradox das klingt – eben abgelehnt zu werden.

Denkanstoß

Kennen Sie diese Denkfalle von sich? Wenn ja: Wann und in welchen Situationen neigen Sie zu dem Streben, von allen gemocht zu werden? Notieren Sie typische Situationen und überprüfen Sie, ob Sie darin ein wiederkehrendes Muster entdecken, von dem Sie sich befreien wollen. Wenn dieses Streben für Sie ein Thema ist, achten Sie in Kapitel 6 bitte besonders auf die Denkalternativen zu dieser Denkfalle!

5.7 Gedankenlesen

Zentrum dieser Gedankenfalle ist die negative Interpretation unbedeutender Verhaltensweisen und Bemerkungen anderer Menschen. Wer zu diesem Denken neigt, interpretiert die Verhaltensweisen oder Bemerkungen anderer als gegen ihn gerichtet und betrachtet das Gegenüber als „Feind“. Dies führt häufig zu einer sich selbst erfüllenden Prophezeiung.

So z.B. bei **Frau Berthold:** Sie arbeitet im Produktmanagement und hat gerade den Kollegen aus dem Vertrieb in einer Präsentation das von ihr neu entwickelte Produkt vorgestellt. Der Außendienstler Herr Alfred saß ganz hinten in der Runde und verfolgte ihre Ausführungen mit intensivem Stirnrunzeln. Dieses Stirnrunzeln interpretierte Frau Berthold als Bedenken und Kritik. Sie erinnerte sich an ein Streitgespräch mit Herrn Alfred, in dem er ihr vorgeworfen hatte, sie habe keinen Kontakt zum Markt und wisse nicht, was der Kunde wirklich braucht. Frau Berthold sah noch während der Präsentation vor ihrem geistigen Auge, wie Herr Alfred nun in seinem Vertriebsteam Stimmung gegen sie machen und dieses neu entwickelte Produkt zum Anlass nehmen würde, sich über ihre Unfähigkeit an oberster Stelle zu beschweren – was eine Abmahnung oder gar eine Versetzung zum Ergebnis haben würde. Frau Berthold war während der Präsentation dementsprechend angespannt und beantwortete Herrn Alfreds Fragen sehr aggressiv und bissig.

Wir sehen in diesem Beispiel, dass Frau Berthold zu wissen meint, was das Stirnrunzeln von Herrn Alfred zu bedeuten hat. Sie zieht nicht in Erwägung, dass Herr Alfred womöglich lediglich seine Brille vergessen hat und von hinten nicht gut sehen kann oder dass er sehr interessiert ist und angestrengt zuhört.
Auf der Basis ihrer negativen Interpretation fantasiert sie sich immer weiter in eine negative Gedanken- und Bewertungskette hinein und handelt aggressiv, was die Wahrscheinlichkeit für eine konfrontative Handlung vonseiten Herrn Alfreds erhöht.

Vielleicht kennen Sie die Hammer-Geschichte von Paul Watzlawik aus seinem Buch „Anleitung zum Unglücklichsein“? Auf dieser basiert ein sehr liebenswerter Sesamstraßen-Sketch:

Ernie möchte sich von seinem Freund Herbert einen Staubsauger ausleihen, weil sein eigener kaputt ist. Er ist bereits beim Haus des Freundes angekommen, will gerade munter klopfen, da hält er inne und gibt sich seiner blühenden Fantasie hin: Er stellt sich vor, dass Herbert gerade in der Badewanne sitzt und verärgert auf sein Anklopfen reagiert, weil er sich gestört fühlt. Ernie vermutet, dass sein Freund ihm aus Ärger den Staubsauer gar nicht leihen wird und vielleicht sogar annehmen wird, dass er, Ernie, ihm den Staubsauger nicht zurückgeben würde. Ernie fantasiert weiter, dass Herbert sogar den anderen Freunden raten wird, ihm, Ernie, nichts mehr zu leihen, weil er Dinge nicht zurückgibt und unzuverlässig ist, und dass die Freunde sich dann von Ernie abwenden werden. Ernie entwickelt durch diese Fantasien eine derartige Wut auf Herbert, dass er hitzköpfig klopft, die freundliche Begrüßung seines Freundes überhört und ihn, bevor er von dannen zieht, nur lauthals beschimpft, er könne seinen verrotteten Staubsauger behalten.

Ist dieses Gedankenlesen realistisch? Ich halte es für höchst unwahrscheinlich, dass unsere Mitmenschen immer gegen uns eingestellt sind und Schlimmes im Schilde führen. Sicher mag dies vorkommen, aber per se davon auszugehen, ist sicher unrealistisch und nicht hilfreich.

Welche negativen Konsequenzen diese Annahme emotional und verhaltensmäßig nach sich ziehen kann, haben wir bei Frau Berthold und Ernie gesehen. Frau Berthold war aufgrund ihrer negativen Vermutungen nicht in der Lage, souverän und freundlich das neue Produkt vorzustellen, und Ernie hat einiges dafür getan, eine Freundschaft zu belasten.

Denkanstoß

Kennen Sie diese Denkfalle von sich? Wenn ja: Wann und in welchen Situationen neigen Sie zum Gedankenlesen? Notieren Sie typische Situationen und überprüfen Sie, ob Sie darin ein wiederkehrendes Muster entdecken, von dem Sie sich befreien wollen. Wenn das Gedankenlesen für Sie ein Thema ist, achten Sie in Kapitel 6 bitte besonders auf die Denkalternativen zu dieser Denkfalle!

5.8 Opferhaltung

Wer in dieser Weise denkt, betrachtet sich selbst als Opfer. Dies kann einerseits sehr bequem sein, denn bei dieser Art zu denken tragen immer die anderen die Verantwortung und Schuld. Andererseits ist der Nachteil dieser Denkweise, dass man eigene Anteile und Beiträge zum negativen Geschehen ausblendet. Damit ist der Blick für eigene Einfluss- und Gestaltungsmöglichkeiten sowie für die eigene Weiterentwicklung verstellt.

Herr Bertram beispielsweise hat den Eindruck, in seiner Abteilung von allen Kollegen ausgeschlossen und abgelehnt zu werden. Wenn andere Kollegen zusammen zum Mittagessen gehen, wird er selten gefragt, ob er mitkommen möchte. Wenn die Kollegen in der Teeküche zusammenstehen und er dazukommt, löst sich die Gruppe nach kurzer Zeit auf und geht wieder an die Arbeit. Und wenn für neue Projekte Mitarbeiter gesucht werden, sind es meist die anderen, die zuerst gefragt werden, ob sie mit einsteigen können. All diese Beobachtungen sieht Herr Bertram als Belege dafür an, dass die Kollegen ihn „mobben" – ein Ausdruck, der von Personen mit dieser Denkweise oft fälschlicherweise benutzt wird. „Mobbing" bezeichnet die Schikane von Kollegen, mit dem Ziel, die betreffende Person vom Arbeitsplatz zu entfernen.

Doch bei Herrn Bertram ergibt sich bei näherem Hinsehen ein anderes Bild: Er jammert und schimpft viel über das Unternehmen und die Arbeit. An allem hat er etwas auszusetzen. Gespräche mit Herrn Bertram sind für die Kollegen nicht nur anstrengend und energieraubend, sondern auch demotivierend. Rückmeldungen von den Kollegen, er solle nicht immer alles so negativ sehen, brachten keine Veränderung. Herr Bertram nahm diese Rückmeldungen sehr persönlich und hatte lediglich den Eindruck, nicht ernst genommen zu werden, was zu noch mehr Selbstmitleid, Jammern und Schimpfen führte. Wen wundert es da, wenn keiner sich länger als nötig mit Herrn Bertram unterhält und Kontakt sucht? Würde Herr Bertram die Schuld nicht nur bei den anderen suchen, sondern sich auch fragen, was er selbst zu dem schlechten Kontakt mit den Kollegen beiträgt, käme er schneller zu einer Lösung.

Typische Aussagen im Rahmen dieser Denkfalle sind beispielsweise:

- „Die anderen nehmen mich nicht ernst!"
- „Die behandeln mich alle schlecht!"
- „Es interessiert niemanden, wie es mir geht!"
- „Ich bin hier nur ein kleines Licht!"
- „Die da oben machen sowieso, was sie wollen!"
- „Egal, wie ich es mache, ich mache es verkehrt!"
- „Die haben alle etwas gegen mich!"
- „Auf mich hört sowieso niemand!"
- „Ich kann daran nichts ändern!"
- „Ich kann es sowieso niemandem recht machen!"

Realistisch ist dieses Denken sicher nicht.

> In der Regel hat jeder Möglichkeiten, auf Situationen Einfluss zu nehmen – sei es durch Rückmeldungen, Gespräche oder zielorientierte Handlungen.

Es mag durchaus Situationen geben, in denen der eigene Handlungsspielraum sehr klein ist. Aber ein gewisser Spielraum ist immer vorhanden, und es ist sicher nicht sinnvoll, diesen Spielraum völlig auszublenden. So könnte Herr Bertram seinen Kollegen z.B. berichten, wie es ihm im Team geht, und das Gespräch suchen. Er könnte seine negativen Beiträge einschränken und aktiv auf Kollegen zugehen, um ein gemeinsames Mittagessen anzuregen.

Denkanstoß

Kennen Sie diese Denkfalle von sich? Wenn ja: Wann und in welchen Situationen neigen Sie zur Opferhaltung? Notieren Sie typische Situationen und überprüfen Sie, ob Sie darin ein wiederkehrendes Muster entdecken, von dem Sie sich befreien wollen. Wenn die Opferhaltung für Sie ein Thema ist, achten Sie in Kapitel 6 bitte besonders auf die Denkalternativen zu dieser Denkfalle!

5.9 Schöndenken

Diese ungünstige Denkweise besteht darin, dass man sich alles schön zurechtdenkt. Anders als beim Gedankenlesen werden nicht unbedeutende Dinge negativ interpretiert, sondern wirklich negative Dinge positiv „zurechtinterpretiert“.

Herr Eberhard ist ein Meister im Schöndenken: Wann immer jemand etwas tut, das seinen Wünschen und Zielen zuwiderläuft, findet er hierfür „plausible“ Begründungen. So hat z.B. neulich die Kollegin Frau Hubert eine Idee von Herrn Eberhard als eigenen Verbesserungsvorschlag eingereicht und dafür eine Prämie erhalten. Herr Eberhard ist jedoch gar nicht sauer auf die Kollegin, weil er denkt, dass die Kollegin sicher bloß vergessen hat, dass es eigentlich seine Idee war. Daher unternimmt Herr Eberhard auch nichts, er sucht nicht einmal das Gespräch mit der Kollegin. Auch als neulich der Chef ihm als Einzigem den Urlaub wegen des hohen Arbeitsaufkommens strich, obwohl die Arbeitslast auch die anderen Kollegen betraf, dachte er sich das schön: Es sei ja toll – eine Auszeichnung geradezu –, dass der Chef wohl lieber sehe, wenn er diese Arbeit erledige. Schon war seine Unzufriedenheit wie weggeblasen und der Impuls, mit dem Chef nochmals über seine Entscheidung zu sprechen, verpufft.

Man könnte dieses Denken auch als blauäugig oder als positives Denken um jeden Preis bezeichnen. Hintergrund ist oft Bequemlichkeit und das Bestreben, Konflikte zu vermeiden, um von anderen nicht abgelehnt zu werden.
Realistisch ist es sicher nicht immer, dass jemand, der einem anderen in die Quere kommt, dies aus Versehen oder mit bester Absicht tut. Und auch das zweite Kriterium angemessenen Denkens erfüllt diese Denkweise oft nicht: Es ist meist nicht hilfreich. Es kann zwar helfen, sich nicht in emotionale Turbulenzen zu stürzen, aber jemand, der sich alles schöndenkt, hat keinen Antrieb, aktiv zu werden. Dies kann kurzfristig zwar bequem sein, denn wer mit allem zufrieden ist und alles „o.k.“ findet, vermeidet Konflikte (sowie deren Klärung) und muss ja auch nichts unternehmen, um sich für die eigenen Belange einzusetzen.

Aber dieses Schöndenken hat zur Folge, dass eigene Wünsche und Ziele auf der Strecke bleiben.

Denkanstoß

Kennen Sie diese Denkfalle von sich? Finden Sie häufig Rechtfertigungen für Personen oder Situationen, die Ihnen schaden? Wenn ja: Wann und in welchen Situationen neigen Sie zum Schöndenken? Notieren Sie typische Situationen und überprüfen Sie, ob Sie darin ein wiederkehrendes Muster entdecken, von dem Sie sich befreien wollen. Wenn das Schöndenken für Sie ein Thema ist, achten Sie in Kapitel 6 bitte besonders auf die Denkalternativen zu dieser Denkfalle!

Nachdem wir nun neun weit verbreitete Denkfallen näher betrachtet haben, soll es im nächsten Kapitel darum gehen, was zu tun ist, wenn man nicht mehr in diesen Mustern denken möchte.

Aufgabe

Bitte kreuzen Sie hier, bevor Sie weiterlesen, diejenigen Denkfallen an, von denen Sie sich in Zukunft befreien möchten:

- ☐ Selbstabwertung
- ☐ Streben, von allen gemocht zu werden
- ☐ Katastrophendenken
- ☐ Gedankenlesen
- ☐ Übertriebenes Verantwortungsdenken
- ☐ Opferhaltung
- ☐ Absolute Forderungen und Muss-Denken
- ☐ Schöndenken
- ☐ Perfektionismus

6 Raus aus den Denkfallen

Gesund und gelassen denken

Haben Sie im letzten Kapitel unrealistische und nicht hilfreiche Gedanken entdeckt, die Sie von sich kennen? Haben Sie sich entschieden, von welchen Gedankenmustern und -fallen Sie sich verabschieden möchten? Dann lassen Sie uns jetzt schauen, wie Sie ein Umdenken angehen können.

Wir können nicht nicht an etwas denken

Wir Menschen können nicht etwas *nicht* denken. Wir schaffen es normalerweise nicht, bestimmte Gedanken einfach so ersatzlos aus unserem Kopf zu löschen. Das liegt daran, dass unser Gehirn Verneinungen nicht oder nur schlecht verarbeiten kann. Haben Sie schon einmal probiert, an etwas *nicht* zu denken? Was passiert, wenn ich Sie bitte, jetzt *nicht* an Ihre letzte Mahlzeit zu denken? Bitte stellen Sie sich nicht vor, wie diese Mahlzeit roch, und stellen Sie sich auf keinen Fall vor, wie sie aussah und wie sie schmeckte.
Haben Sie es geschafft? Die meisten Menschen können diese Aufgabe nicht lösen, es sei denn, sie denken ganz bewusst und konzentriert an etwas anderes. An diesem Mechanismus liegt es übrigens, warum Diäten so schwerfallen: Wenn jemand sich etwas verbietet, denkt er mehr denn je an das Verbotene. Wenn ich ständig denke, dass ich keine Schokoladentorte essen darf, denke ich andauernd an sie, und das Verlangen danach steigt ins Unermessliche. Anders und besser funktioniert es, wenn ich statt der Schokoladentorte schmackhafte Alternativen im Kopf habe, z.B. einen saftigen Obstsalat oder ein Fruchteis.

Wir sollten deshalb uns und auch anderen immer sagen, was wir wollen, und nicht, was wir nicht wollen.

Alternativgedanken helfen, sich von unliebsamen Gedanken zu befreien

Was Sie also benötigen, um sich von unrealistischen und nicht hilfreichen Gedanken zu befreien, sind Alternativgedanken, d.h., Sie brauchen Ideen, was Sie statt der alten Gedanken denken wollen.
Unsere Gedanken begegnen uns in der Regel in Form von gedanklichen Selbstgesprächen. Wir sprechen – besser: denken – zu uns z.B. in Sätzen wie:

- „Ich muss heute unbedingt noch …"
- „Ich bin so blöd!"
- „Wenn das Projekt nicht erfolgreich ist, bin ich weg vom Fenster …"
- „Das macht der nur, um mich zu ärgern!"
- „Der darf das nicht, das ist ja unerhört!"
- …

Also sollten die Alternativgedanken eine ebensolche Form haben. Wir brauchen hilfreiche Sätze, die wir uns als Alternativen zu den alten Gedanken von nun an sagen wollen.

> Besonders gut eignen sich als Denkalternativen eingängige und gerne auch humorvolle Sätze.

Humor ist immer ein Zeichen von Distanz zu einem Thema, und wenn ich es schaffe, über mich oder einen Gedanken zu schmunzeln, bin ich nicht mehr so verbissen und angespannt. Humor ist zwar nicht jedermanns Sache, aber wer Humor besitzt, ist seiner Gelassenheit schon einen großen Schritt näher gekommen.

Denkalternativen entwickeln und einüben

In diesem Kapitel stelle ich Ihnen Denkalternativen vor und möchte Sie dazu anregen, eigene Alternativen zu entwickeln. Wenn Sie dann entschieden haben, was Sie in Zukunft denken wollen, beginnt der zweite Teil des Umdenkens: die

Übung der neuen Gedanken. Vielleicht klingt es etwas ungewöhnlich, wenn ich davon spreche, dass neue Gedanken geübt werden wollen, damit sie in unser Denkrepertoire eingehen können.
Aber es ist tatsächlich mit dem Vokabellernen vergleichbar: Je häufiger sie eine neue Vokabel wiederholen, desto schneller wird sie Teil Ihres Wortschatzes. Zu Anfang sind Sie eventuell noch etwas unsicher, aber je häufiger Sie das Wort wiederholen und aussprechen, desto selbstverständlicher wird es für Sie. Genauso verhält es sich, wenn Sie Ihr Denkrepertoire um ein paar hilfreiche Gedankenmuster erweitern wollen.

Auf das Thema der Wiederholung und der Einübung der neuen Gedanken werde ich näher eingehen, wenn wir uns mit den Denkalternativen zu den Denkfallen und den Hinweisen für sinnvolles Denken bei übermäßigen Emotionen beschäftigt haben. Erst einmal sind Sie jetzt dran, sich Denkalternativen zu überlegen oder sich aus den im Folgenden aufgeführten Vorschlägen das Passende auszusuchen.

Hier eine kleine Übung, wie Sie eigene Denkalternativen entwickeln können:

Übung

Stellen Sie sich jemanden vor, der in derselben Situation, in der Sie in emotionale Turbulenzen geraten, ganz ruhig und gelassen bleiben kann. Und fragen Sie sich dann: Wie sieht diese Person die Situation? Welchen Blickwinkel nimmt sie ein? Welche Gedanken gehen dieser Person wohl durch den Kopf? Letztendlich: Wie bewertet diese Person die Situation?

Die folgenden Vorschläge für Denkalternativen finden Sie geordnet nach den Denkfallen. In Kapitel 7 werde ich dann nochmals näher auf die Gefühle eingehen.

Bitte beachten Sie, dass die Denkalternativen als bewusstes Gegengewicht zu Denkfallen gedacht sind. So kann es sein, dass Ihnen die eine oder andere Denkalternative seltsam oder wenig konstruktiv erscheint, wenn Sie sie nicht aus der Perspektive von jemandem lesen, der in dieser Denkfalle steckt.

Die meisten Denkalternativen sind Ideen, die die Teilnehmerinnen und Teilnehmer in meinen Trainings zum emotionalen Selbstmanagement entwickelt haben. In jedem Training waren bisher immer wieder tolle neue Ideen dabei. Ich freue mich, Ihnen an dieser Stelle viele dieser kreativen und hilfreichen Denkalternativen vorzustellen und sie damit einer größeren Öffentlichkeit zur Verfügung zu stellen. Dies ist sicher auch im Sinne der „Erfinder".
Wenn Sie weitere Ideen für Denkalternativen haben, lassen Sie sie mir gerne zukommen. Sie werden merken, dass einige Denkalternativen durchaus gegen mehrere Denkfallen helfen. Es lohnt sich also, dieses Kapitel vollständig zu lesen.

6.1 Denkalternativen zur Denkfalle der Selbstabwertung

Hier brauchen wir einen wertschätzenden Blick auf uns selbst. Wir brauchen die Fähigkeit, uns über unsere positiven Eigenschaften und Stärken zu freuen, statt uns wegen unserer Schwächen abzuwerten.

„Ich habe begonnen, mir selbst ein Freund zu sein. Damit ist schon viel gewonnen, denn man kann dann nie mehr einsam sein." (Seneca)

Eine gute Möglichkeit, gegen diese Denkfalle anzugehen, ist eine Liste seiner eigenen positiven Eigenschaften und Fähigkeiten zu führen. Meiner Erfahrung nach betrachten sich viele Menschen viel zu negativ. Wir lernen – teilweise auch durch die Schule – schon früh, immer auf unsere Schwächen und Defizite zu schauen, also auf das, was noch nicht gut klappt. Wir wären gar nicht in der Gefahr, uns abzuwerten, wenn wir einen guten Blick für all unser Potenzial sowie unsere positiven Eigenschaften und Fähigkeiten hätten.

Aufgabe

Können Sie spontan zwanzig positive Eigenschaften und Fähigkeiten von sich nennen? Wenn ja: Wie schön! Fangen Sie bitte gleich damit an und führen Sie die Liste kontinuierlich weiter. Vielleicht möchten Sie sich ein schönes leeres Buch anschaffen, um die Liste darin stetig weiterzuführen, denn Sie haben natürlich deutlich mehr als zwanzig positive Eigenschaften und Fähigkeiten. Diese kleine Sammlung von zwanzig soll lediglich der Beginn Ihrer Liste werden, auf die Sie in Zeiten, in denen Sie Gefahr laufen, sich abzuwerten, zurückgreifen können. Das Führen und Lesen der eigenen Positivliste hilft uns, wieder wertschätzend auf uns zu blicken.

Gelingt es Ihnen nicht, spontan zwanzig positive Eigenschaften und Fähigkeiten zu notieren? Dann möchte ich Ihnen zwei Hinweise zum Erstellen Ihres Grundstocks und zum Fortführen Ihrer Liste geben:

- Auf Ihre Liste dürfen auch Eigenschaften und Fähigkeiten, die auch andere Menschen haben. Wenn Sie an sich den Anspruch haben, dass nur einzigartige Dinge auf der Liste stehen, z.B. Fähigkeiten, in denen Sie der Beste oder die Beste sind, werden Sie wenig notieren können. Bei rund sieben Milliarden Menschen auf der Welt ist die Chance groß, dass es jemanden gibt, der z.B. intelligenter ist als Sie, besser kocht als Sie oder besser Auto fährt. Aber deswegen ist es immer noch positiv, dass Sie intelligent sind, gut kochen und gut Auto fahren können. Die Eigenschaften und Fähigkeiten sind ja nicht weniger wert, nur weil jemand anders sie auch – oder in stärkerem Ausmaß – hat.

- Sie dürfen auch Eigenschaften und Fähigkeiten auf Ihre Liste schreiben, die Sie nicht vierundzwanzig Stunden am Tag haben oder zeigen. Was heißt das? Vielleicht sind Sie hilfsbereit, kennen von sich aber auch Situationen, in denen Sie Nein sagen. Das ist völlig in Ordnung. Keine Eigenschaft und keine Fähigkeit ist vierundzwanzig Stunden am Tag sinnvoll. Wer ununterbrochen hilfsbereit ist, ist schnell ausgebrannt. Und nur weil jemand z.B. gut zuhören kann, heißt dies noch lange nicht, dass es sinnvoll ist, diese Fähigkeit ununterbrochen unter Beweis zu stellen.

Die eigene Positivliste in Verbindung mit wertschätzenden Aussagen über sich selbst ist eine gute Möglichkeit, aus der Denkfalle der Selbstabwertung wieder herauszukommen. Prüfen Sie, ob einer der folgenden Sätze, die meine Teilnehmer und Teilnehmerinnen gefunden haben, für Sie auch hilfreich sein könnte, und fügen Sie bitte eigene Ideen hinzu:

Denkalternativen zur Selbstabwertung

- Ich bin gut und wertvoll.
- Ich mag mich.
- Mein Wert als Mensch hängt nicht von meinen Leistungen ab.
- Ich bin mehr als meine Handlungen.
- Ich gebe mein Bestes – und das reicht.
- Jeder hat Stärken und Schwächen. Man kauft immer ein „Paket“.
- Ich weiß genau, wo meine Stärken liegen.
- Andere kochen auch nur mit Wasser.
- Jeder ist einzigartig! Auch ich!
- Dass es mich gibt, ist mehr als ein Lottogewinn!
- Wer mich nicht mag, hat selbst Schuld.
- Dafür bin ich gut/besser in …
- Er/Sie hat auch seine/ihre Schwächen.
- Niemand ist fehlerfrei.

Bei negativen Rückmeldungen

- Das ist ein Denkanstoß!
- Jede/-r hat ein Recht auf ihre/seine Meinung.
- Ist das WIRKLICH so?
- Will ich mich dieser Meinung anschließen?
- Ich darf es anders sehen.
- Leg nicht jedes Wort auf die Goldwaage.
- Lass die Leute reden.
- Der andere kann das nicht beurteilen.
- Gehört diese Person zu meiner Zielgruppe?
- Den Schuh ziehe ich mir nicht an.
- Ich hole mir erst einmal einen Kaffee (erst mal „sacken" lassen).
- Rom wurde auch nicht an einem Tag erbaut.
- Es wird nicht alles so heiß gegessen wie gekocht.

6.2 Denkalternativen zur Denkfalle des Katastrophendenkens

Hier helfen sämtliche Gedanken, die die Bedeutung dessen, was ich gerade betrachte, relativieren. Durch eine starke Fokussierung auf eine Sache kann es nämlich passieren, dass sie überbewertet wird, d.h., dass sie überdimensional in den Vordergrund tritt und die Bedeutung, die sie für mein Leben hat, unangemessen groß erscheint.
Im Folgenden finden Sie ein paar Ideen, was Sie selbst sich fragen oder sagen können, um aus dieser Denkfalle herauszukommen.

Denkalternativen zum Katastrophendenken

- Wie werde ich diese Situation rückblickend in fünf Jahren betrachten? Erinnere ich mich dann überhaupt noch daran? *(Durch diese beiden Fragen wird der zeitliche Blickwinkel vergrößert.)*

- Was ist mir wirklich wichtig im Leben? Gehört das, was ich jetzt betrachte, wirklich dazu? *(Sich über seine Lebensprioritäten Klarheit zu verschaffen, ist hier sehr hilfreich. Viele meiner Kunden antworten auf die Frage, was wirklich wichtig für ihr Leben sei: Gesundheit, Familie, Freunde … Das zeigt, dass etliche Dinge, über die sich viele Menschen aufregen, nicht zu den wirklich wichtigen Dingen gehören.)*
- Was daran ist auch positiv?
- Was lerne ich daraus für die Zukunft?
- Schlimmer geht's immer!

Es ist auch hilfreich, sich auf eigene Potenziale zu besinnen:
- Ich habe die Fähigkeit und die Kraft, damit umzugehen.
- Ich habe schon andere Herausforderungen gemeistert, dann werde ich auch diese bewältigen!

Aufgabe

Bitte ergänzen Sie hier eigene Ideen.

____

____

____

6.3 Denkalternativen zur Denkfalle des übertriebenen Verantwortungsdenkens

Gegen das übertriebene Verantwortungsdenken hilft es, den Fokus von sich zu nehmen und auch auf die anderen sowie deren Fähigkeiten zu schauen. Ebenso ist es gut, loszulassen, sich die Vorteile des Loslassens zu verdeutlichen und sich Klarheit über Zuständigkeiten zu verschaffen. Bitte ergänzen Sie wieder die Vorschläge um eigene Ideen. Aber bevor Sie weiterlesen, ein kleiner Witz zur Einstimmung: *Ein Mann steigt in ein Taxi. Der Taxifahrer fragt: „Wohin?“ „Egal“, antwortet der Mann, „ich werde überall gebraucht.“*

Andere stärker in den Fokus nehmen

- „T.E.A.M.“: Toll! Ein Anderer Macht mit.
- Viele Hände, schnelles Ende!
- Die anderen können das auch (lernen)!
- Trau anderen was zu!
- Y ist erwachsen und kann für sich alleine denken und entscheiden.
- Andere schaffen es genauso, nur eventuell auf anderem Wege. Viele Wege führen nach Rom!
- Gib den anderen eine Chance.
- Der Erfolg hängt von allen im Team ab.
- Ich bin nicht allein. Es gibt ja noch andere Menschen.
- Lass die anderen Fehler machen, um daraus zu lernen.
- Nur wer fordert, kann auch fördern.

Loslassen lernen / sich abgrenzen

- Ich lasse los.
- Ohne mich läuft es genauso gut.
- Ich gebe Rückmeldungen. Was der andere damit macht, entscheidet er selbst.
- Du kannst Türen öffnen, aber niemanden hindurch tragen.
- Jede/-r ist ersetzbar.
- Ich muss XY nicht erziehen.
- Nicht meine Baustelle.
- Das liegt nicht in meiner Macht.
- Ich bin nicht für ALLES verantwortlich.
- Jeder ist seines Glückes Schmied.
- Jeder muss seine eigenen Erfahrungen machen.
- Ich muss mir nicht jeden Schuh anziehen.
- Manche Dinge erledigen sich von selbst.

Positive Auswirkungen des Loslassens verdeutlichen

- Wenn ich etwas abgebe, habe ich mehr Zeit für anderes.
- Wenn ich etwas abgebe, zeige ich Wertschätzung meiner Kollegen.

Zuständigkeiten klären

- Das ist nicht meine Aufgabe!
- Gehört das zu meinem Kerngeschäft?
- Wer mehr verdient, soll auch die Verantwortung tragen.
- Wenn ich hier für alles verantwortlich wäre, müsste ich mehr Geld verdienen.
- Ich bin ja hier nicht der Chef.
- Bin ich Gott? Bin ich Mutter Teresa?

Aufgabe

Bitte ergänzen Sie hier eigene Ideen.

____

____

____

6.4 Denkalternativen zur Denkfalle der absoluten Forderungen und des Muss-Denkens

Sie erinnern sich sicherlich: Bei der Denkfalle der absoluten Forderungen und des Muss-Denkens geht es um Normen und Regeln und deren Einhaltung, um den Anspruch auf „Gerechtigkeit" und dessen Einhaltung. Lernen Sie im Folgenden Denkalternativen kennen, die nach den Adressaten dieses Denkens geordnet sind.

Allgemein könnte helfen …

- Der Kopf ist rund, damit das Denken die Richtung wechseln kann.
- … Sonst? (Was wäre die Konsequenz? Ist sie tragbar?)
- Gerechtigkeit ist subjektiv.
- Die Zeit ist mein Freund. („Gerechtigkeit“ stellt sich mit der Zeit meist von alleine ein …)

Bei absoluten Forderungen und Muss-Denken, das sich auf einen selbst bezieht

- Ich kann/darf/möchte …
- Ich MUSS gar nichts – solange ich bereit bin, die Konsequenz zu tragen.
- Ich habe die Wahl.
- Es gibt tausend Möglichkeiten, ich darf sie ergreifen.
- „Man macht das so!“ – aber ich nicht.

Bei absoluten Forderungen und Muss-Denken, das sich auf andere bezieht

- Andere Menschen, andere Sitten.
- Der andere kann/darf/möchte …
- Der andere MUSS gar nichts – solange er bereit ist, die Konsequenz zu tragen.
- Viele Wege führen nach Rom.
- Jede/-r hat ein Recht auf ihre/seine Sichtweise.
- Jede/-r hat aus ihrer/seiner Sicht der Dinge recht.
- Keiner ist perfekt, also darf auch der andere Fehler machen.
- Wenn er’s könnte, würde er’s (anders) machen.

Aufgabe

Bitte ergänzen Sie hier eigene Ideen.

6.5 Denkalternativen zur Denkfalle des Perfektionismus

Diese Denkfalle ist so weit verbreitet, dass sie die Teilnehmerinnen und Teilnehmer in meinen Trainings zu besonders vielen nützlichen, kreativen und humorvollen Denkalternativen angeregt hat.

Generelle Aufmunterungen und humorvolle Kommentare

- Bleib mal locker! / Entspann dich!
- Lass mal fünf grade sein.
- Alles halb so wild.
- Humor ist, wenn man trotzdem lacht.
- Always look on the bright side of life.
- Probier's mal mit Gemütlichkeit.

Realistisch betrachtet

- Wo gehobelt wird, fallen Späne.
- Wer arbeitet, macht Fehler.
- Nur wer nix macht, macht auch nix verkehrt.

Perfektionismus und Fehler aus verschiedenen Blickwinkeln betrachtet

- Irren ist menschlich.
- Fehler sind menschlich – auch ich darf Fehler machen.
- Es ist schön, noch Raum für Verbesserungen zu haben.

- Fehler sind kein Weltuntergang.
- Lieber authentisch als perfekt!
- Andere sehen dich besser.
- Ich muss nicht alles können!
- Ich bin einmalig, gerade auch mit Fehlern.
- Kluge Leute machen Fehler.
- Durch Fehler wird man klug, darum ist einer auch nicht genug.
- Die Fehler von heute sind die Chancen von morgen.
- Der Mist von heute ist der Dünger von morgen.
- Meine Fehler können Neues ermöglichen!
- Makellos ist langweilig.
- Perfektion ist einseitig.
- Rom wurde auch nicht an einem Tag erbaut.
- Es ist noch kein Meister vom Himmel gefallen.
- Übung macht den Meister.
- Gut Ding will Weile haben.
- Ich mache es, so gut ich kann.
- Ich gebe mein Bestes und das ist gut genug.
- Das soll erst mal einer besser machen.
- Pareto-Prinzip!
- Ist der Aufwand es wert?
- Zeit ist Geld.
- Für den Zweck reicht das allemal.
- Das sieht hinterher eh keiner!
- Lieber gut statt gar nicht.
- Lieber gut gemacht als perfekt gelassen.
- Der Spatz in der Hand ist besser als die Taube auf dem Dach.
- Wem würde eine weitere Verbesserung auffallen?
- Spring als Frosch nicht über Hochhäuser.
- Es ist nicht alles Gold, was glänzt.
- Ich will kein Erbsenzähler sein (Akribie macht unsympathisch).
- Ecken und Kanten machen interessant („Käse ohne Löcher ist blöd!“).
- Ecken und Kanten machen ein Profil aus.

- „When too perfect, lieber Gott böse." (Nam June Paik)
- Beten scheef het Gott leef.
- Nicht „kaputt reparieren"!

Zeitliches Relativieren

- Morgen ist die Zeitung von heute schon wieder von gestern.
- Da wächst wieder Gras drüber.
- … und trotzdem geht morgen die Sonne wieder auf.

Relativieren nach Prioritäten

- Hauptsache gesund!
- Meine Familie und Freunde mögen mich trotzdem – oder gerade deshalb.

Aufgabe

Bitte ergänzen Sie hier eigene Ideen.

____

____

____

6.6 Denkalternativen zur Denkfalle des Strebens, von allen gemocht zu werden

Wenn Sie diese Denkfalle vermeiden wollen, sind vielleicht auch einige der Denkalternativen zum Perfektionismus für Sie interessant. Darüber hinaus erhalten Sie aber im Folgenden noch mehr Ideen. Zentral ist hier der Gedanke, dass eine allgemeine Beliebtheit weder möglich noch erstrebenswert ist und dass eigene Normen und Werte gefunden und zum Maßstab des eigenen Handelns gemacht werden sollten.

Allgemeine Beliebtheit ist nicht möglich

- Ich kann es nicht allen recht machen!
- Allen Menschen recht getan, ist eine Kunst, die keiner kann.

Allgemeine Beliebtheit ist nicht erstrebenswert

- Everbody's Darling, everbody's Depp.
- Übermäßige Beliebtheit geht auf Kosten des Respekts.
- Wer nicht Nein sagen kann, kann auch nicht wirklich Ja sagen.
- Von allen gemocht zu werden, ist langweilig.
- Ist das (überhaupt) meine Zielgruppe?
- Wer andere belügt, um gemocht zu werden, belügt sich selbst.
- Ein guter Feind ist besser als ein schlechter Freund.
- Ecken und Kanten machen mich interessant.

Bewusstsein für eigene Regeln und Wünsche schärfen

- Ich bin konfliktfähig.
- Natürlich bleiben!
- Ich bin, wie ich bin.
- Ich darf Grenzen setzen!
- Ich darf Profil zeigen!
- Die Mehrheit ist zufrieden. Das reicht.
- Ich mag mich! Ich bin ich!
- Ich gehe meinen Weg.
- Ich will nicht jedem gefallen und nicht jedem gerecht werden.
- Die mir wichtigen Menschen mögen mich. Das reicht.
- Erst komme ich!
- Wichtig ist, was mir guttut, nicht nur, was anderen guttut.
- Ich bin okay, du bist es auch.

- Ich stehe zu meinen „Schwächen".
- Ich trenne Persönliches vom Beruf und Verhalten von der Person.
- Reibung ist okay. Sie erzeugt Wärme.
- Ich kann Ablehnung aushalten.
- Wer mich nicht mag, wie ich bin, lässt es bleiben.
- Wer mich nicht mag, hat selbst Schuld.
- Ich mag doch auch nicht jeden.
- ICH muss dich nicht lieben!
- DU musst mich nicht lieben!
- Ich verbiege mich nicht für dich!
- Soll'n sie doch lästern.
- Ist der Ruf erst ruiniert, lebt es sich ganz ungeniert.

Aufgabe

Bitte ergänzen Sie hier eigene Ideen.

____

____

____

6.7 Denkalternativen zur Denkfalle des Gedankenlesens

Da der Fallstrick dieser Denkfalle die negative Interpretation unbedeutender Aussagen und Handlungen anderer ist, können hier als Gegenmittel folgende Gedanken helfen.

Positivere Interpretation der Aussagen und Handlungen

- Wer nichts sagt oder fragt, gibt dadurch sein Okay.
- Hat er/sie es wirklich gesagt?
- Der meint das gar nicht so!

- Meistens kommt es anders, als man denkt.
- Wenn du denkst, dann denkst du nur, du denkst.
- Alles nur in deinem Kopf!
- Ich kann ja nicht wissen, ob sie/er es positiv oder negativ meint.
- Sei realistisch.
- Versuche nicht immer das zu sehen, was du nicht sehen willst. Versuche das zu sehen, was du sehen willst.

Sich unabhängig vom Denken und der Meinung anderer machen

- Lass die Leute reden.
- Ich bin ich.
- Don't worry, be happy.
- Sei nicht so egozentrisch :-) – der meint nicht dich.
- Die Gedanken sind frei.
- Keine Schranken den Gedanken!
- Jede/-r darf denken, was sie/er will.
- Jede/-r ist ihres/seines Glückes Schmied.
- Jeder fege vor seiner Tür.
- Ich entscheide, wie ich mich fühle.

Verantwortung beim anderen lassen

- Man kann den Menschen nur vor den Kopf gucken.
- Wer etwas will, soll eine klare Ansage machen.
- Sie/Er wird schon sagen, wenn was ist.
- Gedanken von anderen kann man nicht lesen.
- Wenn ich Hellseher/-in wäre, würde ich hier nicht sitzen.

Ermunterung, die negative Interpretation zu klären

- Fragen statt denken!
- Fragen kann nicht schaden.
- Wer nicht fragt, bleibt dumm.

- Wer fragt, gewinnt.
- Ich hole mehr Infos ein.
- Kommunizieren anstelle von Interpretieren.
- Nicht defensiv, sondern offensiv!

Aufgabe

Bitte ergänzen Sie hier eigene Ideen.

____

____

____

6.8 Denkalternativen zur Denkfalle der Opferhaltung

Gegen diese Denkfalle helfen alle Sichtweisen, die eine Person darin unterstützen, sich ihren Einfluss und ihre Handlungsoptionen zu verdeutlichen.

Analyse der Situation und Möglichkeiten

- Was war mein Beitrag?
- Wie habe ich zur Situation beigetragen?
- Was kann ich anders machen?

Erlaubnis, Ermunterung und Zuspruch

- Ich entscheide.
- Ich kann handeln.
- Wie ich in den Wald rufe, so schallt es heraus.
- Ich bin noch lange nicht am Ende.
- Wenn er glaubt, er kommt damit durch, hat er sich geschnitten.
- Jetzt komme ich!

- Ich nehme die Zügel in die Hand.
- Mich muss nicht jeder mögen – ich mag ja auch nicht alle – aber ich darf ein respektvolles Miteinander einfordern.
- Ich habe das Recht, mich für meine Belange einzusetzen.
- Ich setzte mich für mich ein.

Eigene Ressourcen bewusst machen

- Ich habe schon ganz andere Dinge geschafft.
- Welche meiner Fähigkeiten ist jetzt hier gefragt?
- Was kann ich daraus lernen?
- Ich darf und werde mir Unterstützung holen.
- Gemeinsam sind wir stark!

Aufgabe

Bitte ergänzen Sie hier eigene Ideen.

____

____

____

6.9 Denkalternativen zur Denkfalle des Schöndenkens

Sie erinnern sich sicher, dass diese Denkfalle darin besteht, mitmenschliche Handlungen mit wirklich negativen Auswirkungen für die eigene Person positiv zu interpretieren, um sich nicht aufregen und sich nicht für seine Belange einsetzen zu müssen.
Da es bei dieser Denkfalle auch häufig um Konfliktvermeidung geht, finden Sie vermutlich auch passende Gedanken-

Ideen bei den Denkalternativen zum Streben, von allen gemocht zu werden.

Sich verdeutlichen, dass eine Handlung notwendig und gerechtfertigt ist

- Welche Folgen hat es für mich, wenn ich jetzt nicht handle?
- Ist mir das wirklich nicht wichtig?
- Wer, wenn nicht ich, soll sich für meine Interessen starkmachen?
- Ich darf mich für meine Belange starkmachen.
- Ich darf – und muss – sagen, was ich möchte, sonst bekomme ich es nicht.
- Ich darf – und kann – Rückmeldungen geben.
- Wenn jemand in meinem Vorgarten steht, ist es meine Aufgabe, ihm dies zu sagen und ihn rauszubitten.
- Reibung schafft Wärme – und Kontakt.
- Gewitter reinigt die Luft.
- Klärung bringt uns beide weiter.

Aufmunterung und Zuspruch, aktiv zu werden

- Nicht mit mir!
- Ich setze mich für meine Belange ein.
- Ich schaffe das!
- Ich sage meine Meinung klar und freundlich.

Aufgabe

Bitte ergänzen Sie hier eigene Ideen.

___

___

___

7 Unangemessene Gefühle verändern

Denkweisen für mehr Gelassenheit

Nachdem wir uns nun für alle Denkfallen konstruktive Alternativgedanken bewusst gemacht haben, möchte ich in den nächsten Abschnitten darauf eingehen, wie man gedanklich gegen unangemessene oder unangemessen starke Gefühle vorgehen kann.

Welche Emotion jemand als unangemessen oder unangemessen stark bewertet, ist sehr individuell und kann dementsprechend nur von der jeweils betroffenen Person selbst beurteilt werden. Für den Fall, dass Sie selbst unsicher sind, ob eine Emotion für Sie unangemessen oder unangemessen stark ist, schlage ich Ihnen zwei Kriterien zur Entscheidung vor:

Kriterien für angemessene Emotionen

- Ihr Wohlbefinden
- Ihre Fähigkeit, sich mit dem Gefühl souverän zu verhalten und Ihren Zielen näher zu kommen

Fühlen Sie sich wohl? Ermöglichen Ihnen Ihre Emotionen, sich angemessen zu verhalten und Ihre Ziele zu erreichen? Dann ist die Emotion und deren Intensität wohl richtig für Sie.

Wenn dies jedoch nicht gegeben ist, haben Sie Möglichkeiten, Ihre Emotionen über die Veränderungen Ihrer Gedanken – insbesondere Ihrer Bewertungen – zu verändern. Im Folgenden erhalten Sie dazu Anregungen und Ideen.

7.1 Sinnvolles Denken bei übermäßigem Ärger

Wenn Sie bis hierher alle Denkalternativen durchgelesen haben, ist Ihnen vielleicht aufgefallen, dass Sie schon eine Menge Denkalternativen kennen gelernt haben, die sich gut eignen, um sich nicht übermäßig zu ärgern. Erinnern Sie sich, wo die meisten passenden Denkalternativen stehen? Sie finden Sie bei den Alternativen zur Denkfalle der absoluten Forderungen und des Muss-Denkens. Wenn Sie Ihren übermäßigen Ärger reduzieren möchten, schauen Sie sich bitte die genannten Denkalternativen nochmals an und prüfen Sie, welche für Sie infrage kommen.

Haben Sie auch eigene Denkalternativen ergänzt? Wenn nein, nutzen Sie noch einmal Ihre Chance:

Aufgabe

Können Sie sich an eine Situation erinnern, in der Sie sich nicht geärgert haben, obwohl die Rahmenbedingungen geeignet dafür gewesen wären? Wie haben Sie die Situation gesehen? Was haben Sie in der Situation gedacht? Wie haben Sie sie bewertet?

Alternativ stellen Sie sich bitte eine Person vor, die sich nicht übermäßig ärgert, sondern im Regelfall eher gelassen bleibt: Wie hat diese Person die Situation wohl gesehen? Was hat diese Person in der Situation vermutlich gedacht? Wie hat sie die Situation wahrscheinlich bewertet?

Die Vorgehensweise, sich an andere Situationen zu erinnern, in denen man selbst wie gewünscht emotional reagiert hat, oder sich eine andere Person vorzustellen, die emotional so reagiert, wie man es selbst gerne möchte, können Sie immer anwenden, wenn Sie Anregungen haben möchten für die Veränderung Ihrer Gedanken und Gefühle.

7.2 Sinnvolles Denken bei übermäßiger Abneigung

Wenn Sie weniger Abneigung empfinden wollen, ist es hilfreich, sich nicht auf die negativen Aspekte Ihres Gegenübers zu fokussieren. Jeder Mensch hat Stärken und Schwächen, und je nachdem, worauf Sie sich konzentrieren, werden Sie eher Zu- oder Abneigung empfinden.

Betrachten Sie also die positiven Eigenschaften und Fähigkeiten Ihres Gegenübers. Sie könnten z.B. zu sich sagen:

- Schwächen sind menschlich. Auch er/sie ist nur ein Mensch.
- Was er/sie gut kann, ist …
- Ich bewundere mein Gegenüber für …
- Es ist schön, wie mein Gegenüber … macht.
- Wofür schätzen andere mein Gegenüber?
- Mit welchen Augen betrachten die Mutter / der Ehepartner / die Freunde wohl diese Person?

Aufgabe

Denken Sie an eine Person, die Sie nicht gerne mögen, und versuchen Sie bitte, die vorhergehenden Aussagen und Fragen auf sie anzuwenden.

Von dem persischen Schriftgelehrten 'Abdu'l-Bahá (1844–1921) stammt das folgende Zitat, das Sie bei der Lösung der Aufgabe unterstützen kann:
„Man darf in jedem menschlichen Wesen nur das sehen, was des Lobes würdig ist. Wenn man so handelt, kann man der ganzen Menschheit Freund sein. Betrachten wir die Menschen jedoch vom Standpunkt ihrer Fehler aus, dann ist es eine äußerst schwierige Aufgabe, mit ihnen Freundschaft zu pflegen. (…) So sollten wir, wenn wir unseren Blick auf andere Menschen richten, das sehen, worin sie sich auszeichnen, und nicht das, worin sie versagen." ('Abdu'l-Bahá 1992, S. 144)

7.3 Sinnvolles Denken bei übermäßiger Scham

Wie Sie ja bereits wissen, führt die Bewertung „Das ist peinlich!“ zu Scham. Wenn Sie sich in Zukunft weniger schämen möchten, ist es notwendig, weniger Dinge peinlich zu finden. Es wäre vermutlich nicht angemessen, gar nichts mehr peinlich zu finden. Wer weiß, wie sich dies sonst negativ auf Ihr Verhalten und die Kontakte zu Ihren Mitmenschen auswirken würde ... Aber nicht mehr so vieles peinlich zu finden oder Dinge nicht mehr als so stark peinlich einzuschätzen, kann ein sinnvolles Vorhaben sein.

Schauen Sie ruhig noch einmal auf die Denkalternativen zur Selbstabwertung und zum Perfektionismus. Einige helfen sicher auch gegen übermäßige Scham. Außerdem können folgende Denkweisen Sie bei der Reduzierung Ihrer Scham unterstützen.

- Das ist menschlich.
- Peinlich ist nur, was ich peinlich finde.
- Ist der Ruf erst ruiniert, lebt es sich ganz ungeniert.
- Wie schön, dass ich nichts Schlimmeres angestellt habe.
- Es ist alles o.k.
- Alles ist/wird gut.
- Das ist lustig.
- Prima, dann hatten jetzt alle etwas zu lachen.
- Auch gut. So habe ich meinen Enkeln etwas zu erzählen.

Aufgabe

Bitte ergänzen Sie hier eigene Ideen.

____

____

____

7.4 Sinnvolles Denken bei übermäßiger Zuneigung

Zugegeben, der Fall, dass jemand seine Zuneigung reduzieren möchte, kommt nicht häufig vor. Dennoch möchte ich hier der Vollständigkeit halber darauf eingehen. Wenn jemand z.B. dazu neigt, sich mit den „falschen“ Menschen zu umgeben, die ihn ausnutzen und ihm schaden, ist es sehr wohl sinnvoll, zu prüfen, wie man die Zuneigung zu diesen Menschen reduzieren kann, um sich anderen Menschen zuzuwenden.

Entsprechend den Hinweisen zu übermäßiger Abneigung ist hier im Umkehrschluss hilfreich, sich die Schwächen und Defizite der entsprechenden Personen vor Augen zu führen. Fragen und Gedanken, die dabei helfen können, sind:

- Welche Defizite hat mein Gegenüber?
- Wie hat mir die Person bisher geschadet?
- Was mögen andere an der Person nicht?
- Mit welchen Augen betrachten ihre Feinde diese Person?
- Wer mir schadet, kann nicht mein Freund sein.
- Wirkliche Freunde unterstützen einander.

Aufgabe

Bitte ergänzen Sie hier eigene Ideen.

____

____

____

7.5 Sinnvolles Denken bei übermäßiger Freude

Auch der Fall, dass jemand sich weniger freuen möchte, kommt wohl nicht sehr häufig vor. Dahinter steckt dann vermutlich eher der Wunsch, aus Feingefühl die eigene Freude nicht so sehr nach außen zu tragen, z.B. wenn man selbst befördert wurde, der Kollege jedoch nicht. Da es aber prinzipiell auch möglich ist, die eigene Freude zu reduzieren, sei auch diese Möglichkeit hier erläutert.

Die Bewertung, die zu Freude führt, lautet: „Das ist toll!" Wann immer Menschen nicht das Positive sehen, sondern das Negative, werden sie sich nicht freuen. Sobald also jemand auch bei positiven Dingen die Nachteile sucht und findet, wird er sich weniger oder gar nicht mehr freuen. Denkweisen, die dazu führen, sind:

- Was daran ist von Nachteil?
- Welche negativen Folgen wird das mit sich bringen?
- Alles hat ein Ende.
- Jede Medaille hat zwei Seiten.

Einige Menschen halten es für eine gute Idee, sich vorsorglich nicht oder weniger zu freuen, um Enttäuschung oder Trauer zu vermeiden. Fänden Sie es aber nicht auch schade, sich selbst der Freude zu berauben? Immerhin finden die meisten Menschen dieses Gefühl sehr angenehm und zehren davon lange, wenn sie es empfunden haben.

7.6 Sinnvolles Denken bei übermäßiger Angst

Gegen übermäßige Angst finden Sie auch einige Ideen unter den Denkalternativen zur Denkfalle der Opferhaltung. Das verwundert nicht, denn dort geht es darum, sich seine Einfluss- und Handlungsmöglichkeiten zu verdeutlichen.

Ganz konkret gegen übermäßige Angst helfen auch fünf Fragen, die das Ziel haben, die eigenen Angstgedanken nicht nur auf ihren Realitätsgehalt zu überprüfen, sondern sie auch in hilfreiche, konstruktive Bahnen zu lenken. Diese Fragen möchte ich Ihnen jetzt vorstellen.

Sie profitieren am meisten von ihnen – und können sie sich auch besser merken –, wenn Sie die Fragen gleich auf ein eigenes Beispiel anwenden. Bitte denken Sie hierfür an etwas, wovor Sie Angst haben, oder vielleicht fällt Ihnen eine Situation ein, in der Sie Hemmungen (eine geringe Form von Angst) haben, etwas, das Sie für richtig halten, zu tun.

Übung: Angstgedanken in konstruktive Bahnen lenken

Bitte beantworten Sie die folgenden fünf Fragen bezogen auf ein konkretes Beispiel aus Ihrem Leben.

Wenn Sie z.B. Hemmungen haben, einem Kollegen eine Bitte abzuschlagen oder bei Ihrer Chefin um Terminaufschub zu bitten, können Sie das zur Anwendung der fünf Fragen nutzen.

1. Was ist das Schlimmste, das passieren könnte, wenn Sie Ihr Vorhaben umsetzen?

Die Funktion dieser Frage ist es, das Gefühl der Angst ernst zu nehmen. Das ist wichtig, denn Angst wird nicht weniger, wenn man sie verdrängt. In der Psychologie kennen wir den Satz „Wo die Angst ist, ist der Weg". Mit der ersten Frage schauen wir genau hin und benennen, was wir befürchten.
Geben Sie sich bitte nicht mit Ihrer ersten Antwort zufrieden. Fragen Sie weiter: Und dann?

Wenn Sie z.B. befürchten, Ihre Chefin könnte wütend auf Sie werden, überlegen Sie sich bitte die weiteren Folgen hiervon. Was wäre die Folge, wenn Ihre Chefin wütend auf Sie ist? Vielleicht dass sie Sie nicht mehr mit Informationen versorgt oder dass sie Sie bei anderen Führungskräften auch schlechtmacht? Und dann? Vielleicht, dass Sie eines Tages gekündigt werden?

Erst wenn Sie sicher sind, auf dem Boden Ihrer Angst angekommen zu sein, und auf die Frage nach weiteren Folgen keine neuen Antworten kommen, gehen Sie zur nächsten Frage über.

2. Was könnten Sie tun, um das Schlimmste zu verhindern?

Funktion dieser Frage ist es, sich vorbeugende Maßnahmen zu überlegen.

Es ist sinnvoll zu überlegen, was bei der Umsetzung des eigenen Vorhabens vorbeugend beachtet werden kann.

In unserem Beispiel ist es sicher hilfreich, freundlich zu bleiben, Gründe für die Bitte zu nennen und Alternativen anzubieten.

3. Wie realistisch ist es, dass das Schlimmste eintrifft?

Funktion dieser Frage ist ein Realitäts-Check.

Hier kommen nun alle Ihnen zur Verfügung stehenden Informationen zum Tragen:

Was wissen Sie über Ihre Chefin und deren Verhaltensweisen? Gab es bereits Fälle von Kollegen, die gekündigt wurden, weil sie um Terminaufschub baten? Oder handelt es sich eher um eine verständnisvolle Person?

Versuchen Sie die Frage möglichst unter Erwägung aller Informationen realistisch mit einem Wert von 0 bis 100 % zu beantworten. 0 % bedeuten: Sie halten es für unmöglich, dass das Schlimmste eintrifft. 100 % bedeuten: Sie sind ganz sicher, dass es genau so passieren wird. Wenn Ihre Antwort auf diese Frage nicht 0 % ist, fahren Sie bitte mit den Fragen fort.

4. Was könnten Sie tun, wenn das Schlimmste einträfe?

Die Funktion dieser Frage ist es, sich die Handlungsmöglichkeiten zu verdeutlichen.

Selbst wenn das Schlimmste einträfe – in unserem Beispiel gehen wir von der Kündigung aus –, hätten Sie noch Handlungsmöglichkeiten. Bitte überlegen Sie sich auf diese Frage immer mindestens fünf Handlungsoptionen.

In unserem Beispiel könnten Sie sich woanders bewerben, sich erst einmal Zeit für eine Neuorientierung nehmen, vor Gericht gehen, sich selbstständig machen, auswandern oder eine Umschulung machen.

Wenn wir Angst vor etwas haben, neigen wir dazu, uns so sehr auf das Befürchtete zu konzentrieren, dass wir den Blick für anderes verlieren und die Bedeutung des Befürchteten völlig überschätzen. Daher zielt die fünfte und letzte Frage darauf ab, wieder ein angemessenes Verhältnis herzustellen und das Befürchtete zu relativieren:

5. **Welche Bedeutung hätte es für Sie und Ihr weiteres Leben, wenn das Schlimmste einträfe?**

Die Funktion dieser Frage ist, die Bedeutung des Befürchteten zu relativieren.

Viele Dinge, die wir befürchten, wären vermutlich unangenehm, jedoch verkraftbar. Oft sind sogar andere Bereiche in unserem Leben vom Befürchteten gar nicht betroffen.

So würden sich gute Freunde und die Familie in der Regel nicht abwenden, wenn Sie gekündigt würden. Und auch, wenn eine Kündigung bestimmte negative Auswirkungen hätte, würde sich nicht Ihr ganzes Leben dadurch (negativ) verändern. Vielleicht ergäben sich sogar Chancen.

Dies gilt es, sich bei der Beantwortung dieser letzten Frage zu verdeutlichen.

7.7 Sinnvolles Denken bei übermäßiger Trauer

Wenn Sie übermäßig traurig sind oder selbst nach einer langen Trauerphase dieses Gefühl nicht wieder verringern oder beenden können, dann liegt es daran, dass Sie etwas als einen sehr großen Verlust bewerten. Ganz gleich, ob es sich um den Verlust eines Gegenstandes, des Arbeitsplatzes, um eine Trennung oder um den Tod eines Ihnen nahestehenden

Menschen handelt: Es kommt vor, dass Menschen den Verlust sogar überbewerten oder katastrophisieren. Daher könnten Denkalternativen zum Katastrophendenken hier hilfreich sein.

Wenn Sie an die Person denken, die nun nicht mehr bei Ihnen ist, oder an dasjenige, was Sie jetzt nicht mehr haben, erinnern Sie sich vermutlich nur an die positiven und angenehmen Seiten. Vielleicht idealisieren Sie sogar die Person oder dasjenige, was Sie einmal hatten.

Da mir bewusst ist, dass wir uns bei der Trauer – und in diesem Zusammenhang besonders, wenn es um Tod geht – mit einem heiklen Thema befassen, ist es mir hier wichtig, noch einmal in Erinnerung zu rufen, dass die folgenden Denkanstöße nur für den Fall einer übertriebenen oder übertrieben lang anhaltenden Trauer gedacht sind.

Sie können Ihre Trauer durch die Beantwortung der folgenden Fragen verringern, weil durch diese Fragen Ihr Blickwinkel wieder realistisch erweitert wird.

Chancen in der neuen Situation sehen

- Was lerne ich aus dem Verlust?
- Was ist jetzt – ohne die Person / ohne das Verlorene – besser möglich?
- Was ist auch vorteilhaft daran, dass die Person / das Verlorene nicht mehr da ist?

Das oder den Verlorene/-n nicht nur positiv sehen

- Was mochte ich an der Person damals schon nicht, als sie noch bei mir war?
- Was waren unsere Streitpunkte?
- Woran hat mich der Kontakt zu der Person gehindert?
- Woran hat mich der Besitz des Verlorenen gehindert?
- Welche Nachteile hatte es, das Verlorene zu besitzen?

Aufgabe

Bitte ergänzen Sie hier eigene Ideen.

___

___

___

7.8 Sinnvolles Denken bei übermäßiger Niedergeschlagenheit

Wenn Sie übermäßig oder unangemessen lang niedergeschlagen sind, dann liegt es vermutlich daran, dass Sie Ihre derzeitige Situation oder einen eventuellen Verlust zu negativ beurteilen und keine Möglichkeit sehen, Ihre Situation zu verbessern, sich anderweitig zu orientieren und die entstandene Lücke wieder zu schließen.

Ihnen fehlt die Zukunftsperspektive, dass es wieder bergauf gehen kann, und Sie schätzen Ihre Handlungsmöglichkeiten unrealistisch schlecht ein – oder übersehen sie sogar völlig.

Wir haben bereits verschiedene nützliche Hinweise und Denkalternativen besprochen, die jetzt auch bei diesem Gefühl hilfreich sein können. Bei den Denkalternativen zum Katastrophendenken finden Sie Hinweise, wie Sie Ihre Situation realistischer sehen können. Und um einen Verlust nicht zu negativ und zu dramatisch einzuschätzen, finden Sie im vorhergehenden Abschnitt zum Thema übermäßiger Trauer ein paar Fragen zum Umdenken.

Um sich Ihre Einfluss- und Handlungsmöglichkeiten wieder zu verdeutlichen, sind die Denkalternativen zur Denkfalle der Opferhaltung sehr hilfreich.

7.9 Sinnvolles Denken bei unangemessenem Nullgefühl

Wenn Sie den Eindruck haben, Sie neigen zu sehr zu einem Nullgefühl, auch dort, wo Sie Emotionen für angemessen und angenehm halten würden, sollten Sie zu dem, was Sie erleben, stärker Stellung beziehen und es bewerten.
Menschen, die Ziele haben und diese konsequent verfolgen, haben einen sinnvollen Maßstab, den sie für Bewertungen heranziehen. Sie fragen sich z.B.: „Ist das, was ich hier erlebe, zur Erreichung meiner Ziele nützlich?“

> Wenn Sie also zu unangemessenem Nullgefühl neigen, sollten Sie sich für Ihre verschiedenen Lebensbereiche Ziele setzen.

Das heißt nicht, dass alles größer, schöner und mehr werden muss. Es kann durchaus auch sinnvoll sein, sich zum Ziel zu setzen, den Status quo zu erhalten. Doch auch dieses ist ein Ziel und damit ein Maßstab, an dem man Dinge messen und bewerten kann – und sollte.

Zusammengefasst heißt das: Setzen Sie sich Ziele oder machen Sie sich Ihre bereits vorhandenen Ziele bewusst und bewerten Sie anhand dieses Bewertungsmaßstabes verstärkt die Situationen, Menschen und Dinge in Ihrem Leben.

8 Übung macht den Meister

Neues Denken festigen

8.1 Einsicht alleine reicht nicht aus

Nun haben Sie in den vorhergehenden Kapiteln eine Menge Denkalternativen kennen gelernt. Aber nur Sie alleine können entscheiden, welches neue Denken für Sie hilfreich und welche neue Denkweise für Sie geeignet ist, um gelassener zu werden.
Haben Sie sich Ihre Denkalternativen überlegt oder ausgesucht? Dann sind Sie einen großen Schritt weiter. Doch Sie merken vermutlich, dass die reine Erkenntnis, dass es günstiger wäre, diese Alternativgedanken statt der alten Gedanken zu denken, noch nicht die fertige Lösung ist. Die bloße Einsicht reicht meistens nicht aus.

> Der nächste Schritt besteht darin, die neuen Gedanken so häufig zu wiederholen und zu üben, dass Sie sie auch in kritischen Situationen schnell zur Verfügung haben.

Hierzu ist es hilfreich, wenn Sie sich in Ihren Alltag Erinnerungshilfen einbauen. Was meine ich damit? Ich möchte Sie anregen, einen Mechanismus zu nutzen, den Sie bereits kennen:

- Wenn Sie Urlaubsfotos anschauen, kann es sein, dass Sie sich plötzlich anders fühlen, weil mit dem Foto Erinnerungen und Emotionen verbunden sind.
- Wenn Sie einen bestimmten Geruch wahrnehmen – z.B. den von warmem Apfelkuchen – kann es sein, dass Sie den Eindruck haben, um Jahre zurückversetzt zu sein, und wieder das Gefühl haben, das Sie hatten, wenn Ihre Großmutter am Wochenende wieder ihren leckeren Kuchen gebacken hatte.

Es ist nichts Ungewöhnliches, dass wir in unserem Alltag umgeben sind von solchen Assoziationen, die uns zu anderen Gedanken und Gefühlen führen können. Manche sind schön und angenehm und helfen uns, uns besser zu fühlen. Manche sind aber auch hinderlich und führen dazu, dass wir uns schlecht fühlen.

Wenn Sie z.B. auf Ihrem Schreibtisch ein Werbegeschenk von einem Kunden liegen haben, mit dem es immer wieder zu Schwierigkeiten kommt, wird dies für Ihr Wohlbefinden nicht zuträglich sein. Sie sollten sich besser davon befreien.

Worauf ich jedoch hinausmöchte: Das Prinzip der Assoziationen können wir bewusst nutzen, um uns an unsere Denkalternativen zu erinnern – und auch der sprichwörtliche Knoten im Taschentuch kann natürlich nützlich sein.

8.2 Erinnerungshilfen

Hier ein paar Beispiele für Erinnerungshilfen:

Herr John möchte sich nicht mehr selbst abwerten. Seine Denkalternative heißt: „Ich bin gut und wertvoll, auch wenn mir einmal etwas nicht so gut gelingt." Immer wenn er voll und ganz in diesem Denken ist, fühlt er sich wohl und energievoll. Er hat sich einen sehr hochwertigen Kugelschreiber und ein teures Rasierwasser gegönnt. Den Kugelschreiber trägt er nun immer bei sich, natürlich auch in jeder Projektsitzung. Das Rasierwasser benutzt er täglich. Beides erinnert ihn immer wieder an seine neue Sichtweise, sich selbst wertzuschätzen.

Frau Ludwig möchte sich von ihrem Katastrophendenken befreien. Sie hat beschlossen, sich immer wieder die relativierende Frage zu stellen: „Ist das wirklich wichtig für mein Leben?" Sie möchte in Zukunft mehr abwägen, bevor sie sich aufregt. Sie merkt, dass ihr diese Frage emotional guttut. Sie hat sich eine kleine Spielzeugwaage auf den Schreibtisch gestellt, die sie immer wieder daran erinnert, Dinge abzuwägen und zu relativieren. Zuhause stellt sie sich eine Küchenwaage auf die Fensterbank.

Frau Martin möchte sich nicht mehr für etwas als verantwortlich ansehen, was jemand anders entschieden oder getan hat. Sie hat sich für die Denkalternative entschieden: „Ich handle nach bestem Wissen und Gewissen, und was der andere dann tut, ist seine Entscheidung." Da Frau Martin Handball spielt, entscheidet sie sich, ein Foto von ihrer Handballmannschaft in ihre Schreibtischschublade zu legen. Es symbolisiert für sie ihre Denkalternative, denn auch beim Handball kann diejenige, die einen Pass zu einer Mannschaftskollegin spielt, nicht mehr beeinflussen, was diese daraus macht.

Herr Bert möchte sich von seinen absoluten Forderungen und seinem Muss-Denken befreien. Seine Denkalternativen „Der andere darf tun, was er für richtig hält – ich entscheide dann über meine Konsequenzen" und „Ich muss nicht – ich entscheide!" schreibt er sich auf einen kleinen Zettel, den er laminiert und dann in seine Geldbörse steckt. Auf diese Weise fallen ihm die Sätze mehrfach täglich ins Auge.

Frau Tim möchte sich von ihrem Perfektionismus befreien. Ihre Denkalternative lautet: „Ich darf Fehler machen – nobody's perfect." Sie hat sich aus einem kleinen schönen, jedoch nicht makellosen Stein, den sie am Strand gefunden hat, einen Kettenanhänger machen lassen, der sie immer wieder an ihr neues Denken erinnert. Außerdem hört sie sich immer wieder auf ihrer neuen Lieblings-CD das Lied „I am what I am" an. Inzwischen hat sie das Lied schon so oft abgespielt, dass sie es auch ohne CD in ihrem Kopf hören kann.

Frau Otto möchte nicht mehr danach streben, von allen gemocht zu werden. Sie findet den Gedanken reizvoll, dass „Ecken und Kanten ein Profil ausmachen". Um sich immer wieder daran zu erinnern und den Gedanken dadurch einüben zu können, hat sie sich einen Scherenschnitt von ihrem Profil anfertigen lassen. So kann sie sich an ihren „Ecken und Kanten" erfreuen, denn wenn sie diese nicht hätte, würde man sie auf dem Scherenschnitt nicht erkennen.

Frau Berthold möchte sich von ihrem Hang zum übermäßigen Gedankenlesen befreien. Sie hat sich ein kleines Bild von Ernie aus der Sesamstraße ausgeschnitten und es sich an den Computer geklebt. Dieses Bild erinnert sie liebevoll daran, sich nicht wie Ernie aufzuführen, also nicht „einen auf Erna" zu machen.

Herr Bertram hat sich entschieden, aus seinem Opferdenken auszubrechen. Er möchte die Zügel wieder selbst in die Hand nehmen und dabei hilft ihm der Gedanke: „Ich entscheide und ich handle." An der Pinnwand in seinem Büro hängt seit wenigen Tagen eine Postkarte, auf der ein Reiter zu sehen ist, der – die Zügel fest in der Hand – mit seinem Pferd einen Strand entlanggaloppiert.

Herr Eberhard möchte sich nicht mehr alles schöndenken, sondern stärker darauf achten, zu erkennen, wenn jemand oder etwas ihm „in die Quere" kommt, damit er dann frühzeitig Grenzen setzen und Wünsche äußern kann. Seine Denkalternative lautet: „Ich habe das Recht – und auch die Pflicht –, mich für meine Belange einzusetzen." Als Symbol für seinen Alltag hat er sich ein Ausrufezeichen ausgesucht. Dies hat er sich auf sein Klemmbrett gezeichnet, das er zu allen Besprechungen mitnimmt. Außerdem hängt ein Ausrufezeichen an seinem Computerbildschirm, und eines hat er sich zu Hause auf seinen Spiegel im Flur gemalt. So stellt Herr Eberhard sicher, dass er sich mehrfach täglich an seine neuen Gedanken erinnert.

Aufgabe

Bitte überlegen Sie sich jetzt: Was kann Sie immer wieder an Ihre neuen Gedanken erinnern, damit Sie diese mehrfach am Tag denken und üben können?

8.3 Üben der neuen Gedanken

Wenn Sie neue Gedanken zu Ihrem Gedankenrepertoire hinzufügen wollen, sollten Sie in drei Schritten vorgehen:

1. Stetiges bewusstes Wiederholen der neuen Gedanken
2. Mentales Durchlaufen der Situationen, die ursprünglich Auslöser für Ihre emotionalen Turbulenzen waren, bei bewusstem Denken der neuen Denkalternativen
3. Tatsächliches Durchleben einer gleich gearteten Übungssituation bei bewusstem Denken der neuen Denkalternative

Hierzu ein Beispiel:

Erinnern Sie sich an **Herrn John,** der sich entschieden hat, folgenden Gedanken zu seinem festen Denkrepertoire hinzuzufügen? „Ich bin gut und wertvoll, auch wenn mir einmal etwas nicht so gut gelingt." Sein hochwertiger Kugelschreiber erinnert ihn mehrmals täglich daran, diesen Satz zu denken. Damit stellt Herr John den ersten Schritt des oben angeführten Vorgehens sicher.

Im zweiten Schritt geht Herr John in seiner Vorstellung Situationen durch, in denen er sich bisher selbst abwertete. Er stellt sich z.B. – entspannt in seinem Sessel sitzend – vor, wie sein Vorgesetzter zu ihm sagt, dass er mit dem Fortgang seines Projektes unzufrieden sei. Während Herr John sich diese Rückmeldung vor seinem geistigen Auge vorstellt, macht er sich sein neues Denken bewusst: „Ich bin gut und wertvoll, auch wenn mir einmal etwas nicht so gut gelingt." Erst wenn er es schafft, diese Situation mit seinen neuen Gedanken mental zu durchlaufen und sich damit gelassen zu fühlen, geht er zum dritten Schritt über.

Im dritten Schritt sucht Herr John zur Übung im Alltag aktiv Situationen auf, um darin seine neuen Gedanken zu festigen. Hierfür ist es sinnvoll, dass er mit Situationen beginnt, in denen es ihm leichter fällt, bei seinen neuen Denkmustern zu bleiben. Wenn er sich z.B. die negative Meinung seines Chefs immer mehr zu Herzen genommen hat als die von Kollegen, sollte er zunächst mit einer Situation beginnen, in der mit einer negativen Rückmeldung von einem Kollegen zu rechnen ist. Weiß er also, dass ein Kollege unzufrieden ist, kann er gezielt den Kontakt zu ihm suchen, sich seine Unzufriedenheit anhören und dabei aktiv seine neuen Gedanken denken. Erst wenn es ihm in dieser für ihn einfacheren Situation gelingt, geht er zu einer schwierigeren Situation über.

Wenn Sie sich nun auf den Weg machen, neue Denkweisen zu lernen, kann es sein, dass Sie anfangs den Eindruck haben, sich zu belügen. Sie haben vielleicht den Eindruck: „Kopf und Bauch passen nicht zusammen." Lassen Sie mich dies anhand eines Beispiels aus dem Straßenverkehr verdeutlichen: Wenn Sie es gewöhnt sind, rechts zu fahren, kann es für Sie anfangs schwierig sein, in einem Land, in dem Linksverkehr herrscht, am Verkehr teilzunehmen. Bei Ihren ersten Fahrten werden Sie sich sehr konzentrieren

müssen und sich die Abläufe immer wieder bewusst machen. Sie werden links fahren und trotzdem wahrscheinlich den Eindruck haben, etwas falsch zu machen.
Dies genau beschreiben manche Menschen mit der Formulierung: „Kopf und Bauch passen nicht zusammen." Was heißt das? Übersetzen können wir dies mit: Da sind einerseits neue Gedanken im Kopf und da sind andererseits die alten, vermutlich nicht mehr bewussten Gedanken, die bereits „in Fleisch und Blut" übergegangen sind und sich als „Bauchempfinden" bemerkbar machen. Beide passen nicht zusammen und kämpfen nun jeweils um die Vorherrschaft bei Ihnen. Es ist Ausdruck eines Lernprozesses.

Oft kommt mir der Satz zu Ohren: „Höre auf deinen Bauch!" Sie werden sich vielleicht wundern, dass ich als Diplom-Psychologin behaupte, dass es nicht immer sinnvoll ist, „auf seinen Bauch" zu hören. Viele Dinge in unserem „Bauch" sind alte, unrealistische, nicht hilfreiche, kaum noch oder nicht mehr bewusste Gedanken.

> Gerade wenn wir aber durch neue Gedanken dafür sorgen wollen, dass es uns emotional besser geht, sollten wir nicht unserem „Bauch", sondern den neuen, hilfreichen Alternativgedanken folgen und sie glauben.

Auch wenn wir manchmal den Eindruck haben werden, uns damit zu belügen: Wer seit langem denkt, er/sie sei nur gut und wertvoll, wenn er/sie „perfekt" ist, wird sich anfangs den Gedanken „Ich bin ein wertvoller Mensch und darf Fehler machen" nicht glauben können. Hierzu ist viel Übung, d.h. viel bewusstes Denken dieses neuen Gedankens, nötig.
Im Straßenverkehr Großbritanniens rettet es uns das Leben, wenn wir unseren neuen, sinnvollen Gedanken folgen. Die Übung, d.h. unzählige Wiederholungen, werden uns helfen, die neuen Gedanken – auch wenn sie anfangs unmöglich erscheinen – in unser Denkrepertoire und damit in unser „Fleisch und Blut" übergehen zu lassen.

9 Weitere Möglichkeiten, die eigenen Gefühle positiv zu beeinflussen

Mehr Handwerkszeug für Ihr emotionales Selbstmanagement

Das in meinen Augen effektivste Mittel, um zu einem guten emotionalen Selbstmanagement und damit auch zu einer gesunden Gelassenheit zu gelangen, haben Sie nun. Es ist das realistische und hilfreiche Denken, genauer: das richtige Bewerten.

Darüber hinaus gibt es noch andere Möglichkeiten, seine eigenen Emotionen positiv zu beeinflussen. Auch wenn ich in diesem Rahmen nur kurz darauf eingehen kann, so möchte ich Ihnen dennoch ein paar ergänzende Ideen mit auf den Weg geben.

9.1 Veränderung der inneren Repräsentationen

Wir haben bis jetzt viel über unsere Gedanken gesprochen. Dabei ging es immer um sprachliche Inhalte, also um Sätze, Forderungen, Meinungen, Regeln, Fragen, Bewertungen usw. Wir tragen aber noch viel mehr in uns: Sie haben z.B. jetzt dieses Buch in der Hand. Selbst wenn Sie es weglegen und die Augen schließen würden, hätten Sie eine Vorstellung von diesem Buch vor Ihrem geistigen Auge. Sie wüssten auch mit geschlossenen Augen, wie es aussieht. Mehr noch: Sie würden sich vermutlich auch eine Vorstellung davon machen können, wie sich das Buch anfühlt, vielleicht sogar wie es sich anhört, wenn Sie die Seiten umblättern, oder wie es riecht.

Worauf möchte ich hinaus? Wenn wir etwas wahrnehmen, tun wir das, sofern es der Gegenstand zulässt, mit all unseren Sinnen. Sie wissen, derer haben wir fünf: Wir können sehen, hören, fühlen, riechen und schmecken.

> Dementsprechend speichern wir das Wahrgenommene auf allen uns möglichen Sinneskanälen ab.

Bei einer Rose etwa können wir auch den Geruch abspeichern und vielleicht sogar den Geschmack ihrer Blätter, während ein Buch auf diesen Wahrnehmungskanälen, also jenen des Riechens und Schmeckens, in der Regel eher keinen Eindruck hinterlässt. Ihre Lieblingsspeise dagegen ist sicher auch geschmacklich sehr gut in Ihrer Vorstellung verankert.

> Wir stellen also interne Repräsentationen der Außenwelt her. Diese entsprechen dabei nicht unbedingt der „objektiven“ Realität, d.h., die Art, wie wir etwas abspeichern, ist hochgradig individuell.

So lässt sich auch erklären, wie es kommt, dass Zeugenaussagen oft nicht übereinstimmen. Die Art, wie wir etwas wahrnehmen und intern abspeichern, hängt von verschiedenen Faktoren ab, z.B. biologischen Faktoren (z.B. Sehschwäche), kulturellen Faktoren (Was ist mir vertraut?) und individuellen Faktoren (z.B. Vorlieben).
Nun fragen Sie sich vielleicht, zu welchem Zweck ich Ihnen all das erzähle?

> Diese internen Repräsentationen können unsere Gefühle stark beeinflussen.

So macht es für Sie vermutlich einen emotionalen Unterschied, ob Sie sich ein neues Projekt in den tollsten Bildern und Farben vorstellen oder ob Sie sich den Verlauf eher in dunklen Farben und unklaren Bildern vorstellen. Den meisten Menschen ist nicht bewusst, dass sie ihre inneren Repräsentationen selbst gestalten können. Probieren Sie es einmal aus.

Übung: Arbeit mit inneren Repräsentationen

Bitte lesen Sie das Folgende und befolgen Sie danach die hier stehenden Anweisungen.

Schließen Sie die Augen und stellen Sie sich eine Tasse Tee vor. Gehen Sie alle fünf Sinneskanäle durch: Wie sieht der Tee aus? Wie hört es sich an, wenn Sie den Tee einschenken? Wie fühlt sich der Tee an den Lippen und im Mund an? Wie riecht der Tee? Wie schmeckt er?

Experimentieren Sie mit der inneren Repräsentation:

- Zoomen Sie beispielsweise das Bild der Teetasse größer oder kleiner, stellen Sie sich das Bild besonders farbig oder schwarz-weiß vor, mal mit, mal ohne Rahmen.
- Verändern Sie in Gedanken das Geräusch, das Sie mit dem Einschenken des Tees verbinden, indem Sie es lauter oder leiser einstellen oder indem Sie das Einschenken des Tees völlig neu vertonen, z.B. mit dem Geräusch von einem Windzug.
- Stellen Sie sich vor, wie der Tee sich anfühlen würde, wäre er z.B. kälter, heißer oder vielleicht zähflüssiger.
- Verändern Sie in Ihrer Vorstellung den Geruch des Tees, indem Sie ihn z.B. intensiver oder schwächer einstellen oder den Tee mit einer völlig neuen Geruchsnote versehen.
- Experimentieren Sie auch mit Ihrer Vorstellung des Geschmacks: Stellen Sie sich den Geschmack intensiver oder schwächer vor oder fügen Sie dem Tee ein anderes Aroma bei.

Lassen Sie auf jedem Sinneskanal Ihrer Experimentierfreude freien Lauf.

Haben Sie gemerkt, dass sich durch die Veränderung der inneren Repräsentation noch mehr verändert? Vielleicht hat sich beim Experimentieren eine Lust auf Tee oder eine Abscheu oder sonst eine Emotion eingestellt oder verändert.

Je nachdem, wie wir Dinge, Situationen, Personen intern abspeichern, werden wir eine entsprechende Emotion dazu entwickeln.

Da die innere Repräsentation ohnehin subjektiv ist, ist es sinnvoll, sie so abzuspeichern, dass man sie selbst als angenehm erlebt. Wenn Sie sich also nicht wohl fühlen oder wegen emotionaler Turbulenzen sich nicht so verhalten können, wie Sie es sich wünschen, könnten Sie auch Ihre inneren Repräsentationen überprüfen – und ggf. ändern.

9.2 Der Körper als Einflussfaktor

Sie kennen die Aussage, dass in einem gesunden Körper ein gesunder Geist wohnt. Wenn Sie gesund sind, ausgeschlafen, entspannt und satt, haben Sie eine gute körperliche Basis, um sich auch emotional wohl zu fühlen und nicht in emotionale Turbulenzen zu geraten.

Indem Sie also für Ihre körperliche Gesundheit und Ihr Wohlbefinden sorgen, schaffen Sie sich eine tragfähige Basis für ein gutes emotionales Selbstmanagement.

Außerdem können Sie über den Körper aktiv Einfluss auf Ihre Emotionen nehmen. Im Folgenden finden Sie einige Hinweise, wie Sie für einen guten körperlichen Zustand sorgen können und wie Sie außerdem Ihren Körper nutzen können, um positiv auf Ihre Emotionen einzuwirken.

Körperpflege

Je mehr Sie für Ihren Körper tun, ihn pflegen, sich z.B. mit Cremes, Bädern und Massagen verwöhnen, desto mehr werden Sie ihn spüren und ihn wertschätzen. Sie werden sich vermutlich nicht nur körperlich wohler fühlen, sondern auch emotional: Ein gepflegter Körper bietet Ihnen eine bessere Basis, um sich selbst als ganze Person wertzuschätzen.

Entspannungsverfahren

Wir haben bereits festgestellt, dass starke Gefühlsausprägungen – Niedergeschlagenheit ausgenommen – mit einem hohen emotionalen Erregungsniveau einhergehen. Andersherum ist es schwer, ein intensives Gefühl zu entwickeln, wenn der Körper gerade völlig entspannt ist.
Daher ist es von Vorteil, ein Entspannungsverfahren so gut zu beherrschen, dass man es jederzeit einsetzen kann – spätestens am Ende eines Tages –, um sich körperlich „herunterzufahren". Dabei ist es unerheblich, für welches Entspannungsverfahren Sie sich entscheiden. Das ist nämlich Geschmackssache. Einer Person liegt das autogene Training mehr, einer anderen die progressive Muskelentspannung, wieder einer anderen die Atementspannung, Yoga, Tai-Chi oder Meditation. Probieren Sie ruhig verschiedene Verfahren aus, um dasjenige zu finden, welches am besten zu Ihnen passt. In fast jeder Stadt und vielen Orten gibt es hierzu ein breit gefächertes Kursangebot.

Vermeidung von aufputschenden Mitteln

Gerade weil, wie eben erwähnt, ein hohes körperliches Erregungsniveau mit starken Gefühlsausprägungen verbunden ist, ist es ratsam, bei drohendem Stress und emotionalen Turbulenzen den Körper nicht zusätzlich mit Kaffee, schwarzem oder grünem Tee oder sonstigen Substanzen in Erregung zu versetzen. Die Gefahr ist nämlich groß, bei starker körperlicher Erregung auch emotional stärker zu reagieren.

Einsatz von Augenbewegungen und körperlichen Stimulationen

Viele Fachleute gehen von einem Zusammenhang zwischen unseren Wahrnehmungs- und Denkprozessen und unseren Augenbewegungen aus. So erreichen z.B. Psychotherapeuten mit der Technik des EMDR (Eye Movement Desensitization and Reprocessing, übersetzt etwa: Augenbewegungs-Desensibilisierung und -Neuordnung) oder der Wingwave-Methode sehr gute Erfolge bei der Verarbeitung von traumatischen Erlebnissen. Indem sie beim Patienten bestimmte Augenbewegungen auslösen und beide Gehirnhälften durch bilaterale Stimulationen anregen (z.B. mit Tönen oder Berührungen des Handrückens auf beiden Körperseiten), scheint eine beschleunigte und neue, sinnvolle Verarbeitung der belastenden Erinnerung ermöglicht zu werden. Wenn Sie diese Techniken nutzen möchten, ist es hilfreich, sich entsprechende Fachleute (z.B. Psychotherapeuten oder Coachs) zu suchen.

Der Trick mit dem Lächeln und der Körperhaltung

Wenn Sie einmal in einer Situation sind, in der Sie es für unangemessen halten, niedergeschlagen oder traurig zu sein: Lächeln Sie! Anfangs haben Sie vermutlich den Eindruck, nur eine Grimasse zu schneiden, aber wenn Sie bei Ihrem Lächeln bleiben, haben Sie gute Chancen, dass sich ein Wohlbefinden einstellt. Ihr Körper verbindet hochgezogene Mundwinkel mit angenehmen Emotionen. So kommt es, dass dieser körperlichen Veränderung die damit verbundenen Emotionen folgen.

Ähnlich wie mit dem Lächeln funktioniert es auch mit der Körperhaltung. Es ist schwer, sich freudvoll zu fühlen, wenn man die Schultern und den Kopf hängen lässt. Wer aber aufrecht steht, mit gehobenem Kopf und dem Blick nach vorn, wird es schwer haben, sich niedergeschlagen oder traurig zu fühlen. Probieren Sie es am besten gleich einmal aus!

Erregungsabbau und Entspannung durch Sport

Bewegung lockert angespannte Muskulatur auf und wirkt als Ventil für aufgestaute psychische Anspannung. Ebenso fördert Bewegung auch die Entgiftungsprozesse, indem die Bildung von Enzymen angeregt wird, welche Schadstoffe und Stoffwechselabfälle abbauen und damit den Körper „entgiften".

> Ausdauerbetonter Sport führt zur Freisetzung von stimmungsaufhellenden Botenstoffen im Gehirn.

Vor allem Serotonin und Dopamin wirken als „Glückshormone" und steigern die Stimmungslage. Die Stresshormone Adrenalin und Cortisol werden durch Sport abgebaut. Probieren Sie einfach verschiedene Arten der Bewegung aus (z.B. Mannschaftssport, Fitness-Studio, Tanzen, Joggen, Wandern, Golfen etc.), um die für Sie richtige zu finden.

9.3 Musik und Austausch

Auch Musik kann unsere Stimmungslage und unsere Gefühle intensivieren oder verändern. Wenn Sie gerne Musik machen oder hören, haben Sie das bereits selbst erlebt. Für alle, die das noch nicht für sich entdeckt haben: Experimentieren Sie und seien Sie neugierig. Christoph Rueger gibt hierzu mit seinem Buch und der CD-Zusammenstellung „Die musikalische Hausapotheke" einige Anregungen.

Ebenso erleben viele Menschen Kontakt und tragfähige Beziehungen als angenehm. Viele fühlen sich nach einem Treffen mit Freunden besser als vorher. Kein Wunder, wir Menschen sind soziale Wesen. Im Gespräch mit anderen können wir nicht nur Nähe erleben, sondern auch Unterstützung erfahren und unsere Aufmerksamkeit auf andere Inhalte lenken. Wir können Dinge relativieren sowie neue Denkweisen kennen lernen – womit sich dann auch wieder der Kreis zu dem in diesem Buch behandelten Vorgehen schließt.

Ich wünsche Ihnen viel Spaß und Erfolg bei der Verbesserung Ihres emotionalen Selbstmanagements! Auf dass Sie in Zukunft stets gelassen sind und immer mehr die für Sie „richtigen" Emotionen haben!

Zusammenfassung: So bekommen Sie Ihre Gefühle in den Griff!

Sie erleben eine emotionale Turbulenz.
Das heißt, Sie erleben eine starke, unangenehme Emotion, die Sie daran hindert, sich so zu verhalten, wie Sie es für richtig halten.

Sie klären, um welches Gefühl es sich handelt und in welcher Intensität Sie es erleben.
Hierzu können Sie das Emotio-Meter als Checkliste nutzen.

Sie überlegen sich, welches Gefühl und welche Intensität Sie für angemessen halten.
Auch hierzu können Sie das Emotio-Meter als Orientierung nutzen.

Sie machen sich Ihre Gedanken und Bewertungen bewusst.
Wenn Sie wissen, welches Gefühl Sie haben, wissen Sie auch, welche Bewertung hierzu geführt hat (s. Übersicht der Bewertungen und Emotionen). Um sich Ihre Gedanken zu verdeutlichen, fragen Sie sich, was genau Sie derartig bewerten.

Sie überprüfen, welche Ihrer Gedanken Sie für nicht realistisch und hilfreich halten.
Nutzen Sie für diese Prüfung alle Ihnen zur Verfügung stehenden Informationen über den Sachverhalt und fragen Sie sich, ob die entsprechenden Gedanken es Ihnen ermöglichen, Ihre Ziele zu erreichen.

Sie finden realistische, hilfreiche Denkalternativen und Bewertungen, die zu dem Gefühl führen, das Sie für hilfreich und angemessen halten.
Anregungen hierzu finden Sie in den entsprechenden Abschnitten der Kapitel 6 und 7.

Sie üben die Denkalternativen, die Sie sich überlegt haben, in der Vorstellung.
Setzen oder legen Sie sich entspannt hin und gehen Sie verschiedene Situationen in Ihrer Vorstellung – während Sie Ihre neuen Gedanken denken – durch.

Sie üben Ihre Denkalternativen beim Verhalten im Alltag.
Suchen Sie sich zunächst einfache Situationen, in denen Sie – während Sie die Situation durchleben – Ihre neuen Gedanken denken. Steigern Sie dann den Schwierigkeitsgrad der gewählten Situationen.

Literaturverzeichnis

'Abdu'l-Bahá: Briefe und Botschaften. Langenhain 1992.

Besser-Siegmund, Cora / Harry Siegmund (Hrsg.): Erfolge bewegen – Coach Limbic. Emotions- und Leistungscoaching mit der Wingwave-Methode. 2. Auflage. Paderborn 2008.

Burger, Christoph: Der Zornkönig. Wie Sie Ihren Ärger positiv nutzen. Heidelberg 2007.

Hatzelmann, Elmar: Keine Macht dem Stress. Handbuch für Entspannung und mentales Training. 3. Auflage. Höfen 2003.

Kabat-Zinn, Jon: Gesund durch Meditation. Das große Buch der Selbstheilung. 7. Auflage. Frankfurt am Main 2009.

Kabat-Zinn, Jon: Im Alltag Ruhe finden. 4. Auflage. Frankfurt am Main 2009.

Khema, Ayya: Meditation ohne Geheimnis. 7. Auflage. Berlin 2007.

Merkle, Rolf: So gewinnen Sie mehr Selbstvertrauen. Ein praktischer Ratgeber zur Überwindung von Minderwertigkeitsgefühlen und Selbstzweifeln. 20. Auflage. Mannheim 2008.

Merkle, Rolf: Lass Dir nicht alles gefallen. Wie Sie Ihr Selbstbewusstsein stärken und sich privat und beruflich besser durchsetzen können. 14. Auflage. Mannheim 2003.

Rueger, Christoph: Die musikalische Hausapotheke – für jedwede Lebens- und Stimmungslage von A bis Z. München 1999.

Schoenaker, Theo: Mut tut gut. Das Encouraging-Training. 11. Auflage. Sinntal-Züntersbach 2003.

Shapiro, Francine / Margot Silk Forrest / Theo Kierdorf / Hildegard Höhr: EMDR in Aktion. Die neue Kurzzeit-Therapie in der Praxis. 3. Auflage. Paderborn 2007.

Stavemann, Harlich H.: Im Gefühlsdschungel. Emotionale Krisen verstehen und bewältigen. Weinheim 2001.

Watzlawick, Paul: Anleitung zum Unglücklichsein. 15. Auflage. München 2009.

Wolf, Doris / Rolf Merkle: Gefühle verstehen, Probleme bewältigen. 19. Auflage. Mannheim 2003.
Wolf, Doris: Ängste verstehen und überwinden. Mannheim 2009.

Über die Autorin

Elke Overdick ist Diplom-Psychologin und war in der freien Wirtschaft als kaufmännische Leiterin sowie im klinischen Bereich als Psychotherapeutin tätig. Seit 1999 ist sie Inhaberin von OVERDICK Coaching und Training mit Sitz in Hamburg und Flensburg. Sie arbeitet seit vielen Jahren für namhafte Unternehmen. Mit ihrem Team bietet sie psychologisches Know-how für das Berufsleben in Form von offenen und internen Trainings, Coaching, Konfliktmoderationen und Teamentwicklungen an. Zu ihren Arbeitsschwerpunkten als Trainerin und Coach zählen emotionales Selbstmanagement, Soft Skills und Gesundheit als Führungsaufgabe.

Kontakt:
overdick@coaching-und-training.de
www.coaching-und-training.de

Stichwortverzeichnis